微电网协调控制及优化

程志平　李忠文　著

U0337749

中国矿业大学出版社

·徐州·

内 容 简 介

本书从微电网应用的需求出发,分别在交流和直流微电网微电源变换器建模的基础上,研究了变换器控制策略,提高了变换器的性能,实现了"即插即用"功能。同时针对分布式通信架构的交、直流微电网,分别给出了分布式一致性频率协调控制算法和分布式一致性母线电压协调控制算法,在实现经济调度的情况下提高了微电网的稳定性。

本书适合作为电气工程专业高年级本科生、研究生的选修课程用书,也可作为相关研究及工程技术人员的参考资料。

图书在版编目(C I P)数据

微电网协调控制及优化/程志平,李忠文著.—徐州:中国矿业大学出版社,2023.2
　　ISBN 978 - 7 - 5646 - 5726 - 0

　　Ⅰ.①微… Ⅱ.①程… ②李… Ⅲ.①电网—电力系统运行 Ⅳ.①TM727

　　中国国家版本馆 CIP 数据核字(2023)第 028351 号

书　　名	微电网协调控制及优化
著　　者	程志平　李忠文
责任编辑	何　戈
出版发行	中国矿业大学出版社有限责任公司
	(江苏省徐州市解放南路　邮编221008)
营销热线	(0516)83885370　83884103
出版服务	(0516)83995789　83884920
网　　址	http://www.cumtp.com　E-mail:cumtpvip@cumtp.com
印　　刷	徐州中矿大印发科技有限公司
开　　本	787 mm×1092 mm　1/16　**印张** 12.5　**字数** 244 千字
版次印次	2023 年 2 月第 1 版　2023 年 2 月第 1 次印刷
定　　价	38.00 元

(图书出现印装质量问题,本社负责调换)

前　言

　　环境污染和能源短缺是我国发展面临的挑战与重大需求,《中华人民共和国国民经济和社会发展第十四个五年规划和 2035 年远景目标纲要》提出加快壮大新能源战略新兴产业、建设智慧能源系统、推动能源清洁低碳安全高效利用。以新能源为核心的微电网是解决这些问题、实现"碳达峰""碳中和"目标的重要途径。

　　微电网由于微源特性的多样、拓扑多变、时间尺度大等特点,存在微源接入、功率分配优化及负荷共享竞争等亟待解决的问题。微电网协调控制、优化调度是解决相关问题的有效途径。

　　本书针对微电网协调控制、优化调度涉及的相关问题展开研究。

　　本书共分 10 章,第 1 章~第 5 章由程志平撰写,其中第 1 章主要总结了目前微电网研究现状,第 2 章给出了本书用到的理论基础,第 3 章设计了电压源型逆变器串级控制,第 4 章对交流微电网分布式一致性频率协调控制进行了研究,第 5 章设计了 Buck-Boost 变换器串级控制策略。第 6 章~第 10 章由李忠文撰写,其中第 6 章对直流微电网分布式一致性最优电压协调控制进行研究,第 7 章建立了计及不确定性的微电网优化调度模型,第 8 章设计了微电网多时间尺度随机优化调度策略,第 9 章设计了微电网多时间尺度鲁棒优化调度策略,第 10 章对全书进行了总结和展望。

　　全书由程志平统稿,高金峰教授对全书进行了审定。在本书成稿过程中,参考了大量同行研究成果,在此对所有文献作者表示感谢!同时,作者团队其他成员及研究生做了很多工作,在此一并感谢!

　　限于水平,书中不妥之处在所难免,希望读者批评指正。

著　者

2022 年 7 月

目　　录

1　绪　　论

1.1　研究背景与意义

　　微电网是一类通过电力电子技术将诸多容量较小的发电、用电设备联系在一起组成的小型发配电系统[1]。微电网不仅能够解决多类型分布式发电微源的接入问题,能高效、灵活地利用分布式发电微源[2-3],而且能够解决传统电网不能灵活跟踪负荷变化、偏远地区负荷得不到理想供电、大型互联电力系统局部事故极易扩散等重大问题[4]。因此,对微电网进行研究具有理论意义和实际应用价值。

　　但是,微电网发电微源众多,通过大量电力电子接口接入系统,导致微电网惯性降低,多电力电子接口还容易引起环流;微源的接入或退出,要求系统具有"即插即用"特性;发电微源特性各异,大时间尺度的运行范围,造成系统各部分运行异步,协同困难,降低了系统的运行效率。如此诸多问题引起学术界和工业界广泛关注,微电网协调控制是解决这些问题的有效途径之一。

　　微电网协调控制需要考虑众多不同类型的控制主体,满足灵活的拓扑结构要求,实现不同时间尺度下的多种控制目标。现有协调控制中,仍面临如下挑战:① 微电网中各微源倾向于自治运行,然后通过母线协调解决系统级问题,因此需要有合理的控制架构适应这种特征。② 微电网的接口控制中,大量电力电子器件串、并连接应用,使发电微源的接口控制具有典型的电力电子特性,系统具有恒负荷特性,而且大量电力电子接口将微源接入微电网造成的弱惯性使系统稳定裕度降低,对系统稳定性造成隐患。③ 微电网的系统控制中,控制对象众多,特性各异,致使系统极其复杂,给系统控制带来诸多问题;根据实际运行情况,微电网系统中各类微源灵活地接入或退出,需要系统具备"即插即用"功能。④ 在优化控制中,控制目标多样,控制策略复杂,各微源之间需要信息共享,以协调系统实现不同控制目标,避免不同时间尺度对系统的负面影响。因此,根据微电网系统控制目标,深入分析系统特征,提出科学合理的协调控制方案,具有重要意义。

在现有的协调控制策略中,从实现功能上,主要有集中控制和分布式控制。集中控制通过中央控制器实现数据的统一管理,根据优化调度任务,控制中心将相应指令下达给每个微源的控制中心,增强了系统的稳定性;在规模较小的系统实现了微电网的高效运行[5-6],但集中控制过度依赖中央控制器,扩展性差,与微电网"即插即用"要求矛盾。分布式控制对周围环境变化具有感知及应变能力,与集中控制不同,分布式控制没有中央控制器,信息在每个微源的本地控制器间进行传递,适用于拓扑结构灵活的微电网,每个微源地位平等,任何一个微源的接入与退出都不会影响系统的运行,可以实现微源的"即插即用"功能[7]。分布式控制在相邻微源之间建立通信联系,通过相互间信息共享,协调各部分之间的运行达到设定的目标,相对于集中控制减少了对通信系统的依赖,增强了系统的鲁棒性。因此,分布式控制是微电网协调控制的有效方式。

本书在微电网电压源型逆变器和 Buck-Boost 型 DC/DC 变换器建模的基础上,根据滑模控制和虚拟同步发电机控制基本原理,分别设计了基于虚拟同步发电机微电网电压源型逆变器串级控制和基于虚拟同步发电机 Buck-Boost 型 DC/DC 变换器串级控制;运用一致性算法基本理论,采用分布式通信架构,提出微电网的分布式一致性协调控制策略,并将其应用到交流微电网和直流微电网系统,实现了微电网的稳定运行及经济调度。

1.2　示范工程

1.2.1　交流微电网示范工程

从微电网概念提出以来,已从学术研究逐步走向应用,并由各国政府主导,开展示范建设[1,3,8-11]。其中欧美及亚洲相关国家的示范工程,为微电网的发展提供了宝贵的实证经验,成为微电网技术领域的风向标。美国是最早提出微电网概念的国家,图 1-1 所示为位于美国电力公司多兰技术中心的 CERTS 微电网示范工程示意图。

CERTS 微电网示范工程由燃气轮机、馈线及不同类型负荷组成。示范的主要目标是验证 CERTS 孤岛条件下的电压和频率稳定、微电网保护及运行模式间无缝切换。美国通用电气(GE)微电网示范项目 2007 年在新墨西哥州开建,示范项目的主要目标是微电网系统控制策略设计、微电网系统保护及能量管理等。

欧盟微电网示范项目较多[3,8],其中位于西班牙巴斯克地区的 LABEIN 项目由多套不同功率光伏设备、直驱式风力发电设备、两套柴油发电机、三种类型

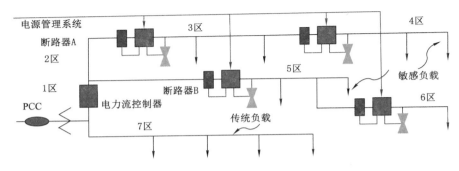

图 1-1　CERTS 微电网示范工程示意图

的混合储能系统及不同功率的阻感性负荷组成。该项目的主要目标是在并网运行条件下,验证系统的控制策略性能、通信协议及需求侧管理等功能。

日本在微电网技术研究方面领先世界,储能特别是超级电容位居世界前列。日本仙台微电网主要由燃气轮机、燃料电池和光伏发电设备组成。仙台微电网为提供各类质量的电能,采用了多种电能质量概念。2011 年的"3·11"日本大地震,在周边区域电力中断三天的情况下,仙台微电网能够向其服务范围的负荷不间断供电,这一经验对未来微电网的设计、选址和建设具有重大指导意义[9-10]。

另外,加拿大 Nemiah 微电网项目和 Ramea 微电网项目的目标是开发分布式发电微源容量优化软件,对微电网进行上层调度管理,使微电网运行达到经济最优。位于非洲乌干达的 Bulyansungwe 微电网示范项目对电力缺乏、日照资源丰富地区的电力建设具有重要指导意义。表 1-1 为国外典型微电网实验平台。

表 1-1　国外典型微电网实验平台

实验室实验平台	资助和运行机构	建设时间	位置	结构特点	研究目标
清洁能源实验室 (CERL)	NTU 电气与电子工程学院	2015 年	南洋理工大学	以 OP5600、OP5607 及相关微电网硬件设备搭建硬件在环平台	能源管理、储能策略等
CERTS	美国电力公司	2006 年	多兰技术中心	燃气轮机、多种微源、不同类型负荷	孤岛系统稳定、保护及运行模式
控制与电力研究中心	伦敦帝国理工学院	2005 年	伦敦南肯辛顿校区	中央控制器、计算机、配电网实验原型和实验负荷	并网/孤网切换、稳定性和电能质量

中国在微电网研究方面起步较晚,但发展很快。中国东福山岛风光柴及海水淡化综合系统工程主要包括风力发电设备、光伏发电设备、储能设备、柴油发电机、海水淡化系统。微电网系统采用交直流混合结构,独立发电。项目目标是重点研究微电网独立运行模式下子系统之间相互影响的问题。国网浙江电科院多分布式发电微源微电网可实现不同模式下,包括保护、电能质量测试在内的相关试验研究。浙江温州南麂岛智能微电网于 2013 年投入运行,系统包含风力发电设备、光伏发电设备、备用柴油发电机及先进的储能设备,是国家"863"计划项目研究成果之一。上海电力大学临港校区智能微电网综合能源服务项目于 2019 年 12 月 18 日通过验收。系统通过智慧能源管理系统,实现建筑能效管理、综合节能管理和"源网荷储充"协同运行。

另外,国网南京供电公司科技综合楼风光储微电网工程、河南省财政税务高等专科学校微电网工程、天津生态城智能电网综合示范工程、河北承德微电网工程、烟台长岛微电网接入控制工程等都从不同侧面为我国微电网的研究及市场化发展提供了宝贵的经验。表 1-2 所示是国内部分典型微电网实验平台。

表 1-2　国内部分典型微电网实验平台

实验室 实验平台	资助和运行机构	建设 时间	位置	结构特点	研究目标
南麂岛智能微电网	国网浙江省电力公司	2013 年	浙江温州南麂岛	光伏、风力发电、柴油发电机、储能设备	保护及电能质量测试相关研究
临港校区智能微电网	上海电力大学	2019 年	上海电力大学临港校区	风力发电、光伏发电、储能、充电站、空气源热水系统等	高校能源管理、节能改造以及运营管理模式等
微电网综合实验系统	国网浙江电力公司电力科学研究院	2010 年	浙江杭州	风力发电、光伏、柴油发电机以及包含四种储能装置的混合储能	并离网切换,故障模拟等

1.2.2　直流微电网示范工程

日本仙台高压直流供电系统是一个直流微电网示范性项目[12],系统由 50 kW 太阳能、燃气轮发电机和市电组成。发电微源及供电部分经过电源转换接口接入统一母线后,输出额定电压为 300 V 的直流电,再经过直流配电单元输出四路到负载端的 48 V DC/DC 变换器,供市内主要数据中心及其他直流负载使用。2007 年美国弗吉尼亚理工大学 CPES 中心针对未来住宅和楼宇用电提出了"sustainable building initiative"(可持续建筑方案)研究计划[13],也是较早进行直流微电网研究的示范单位之一。

此外,美国加利福尼亚大学圣地亚哥校区已建立的直流微电网[14],主要对数据中心及办公等照明直流负荷供电,可起到直流微电网的示范作用。北卡罗来纳大学提出 FREEDM 直流微电网结构,用于研究未来灵活可再生能源传输及管理的直流系统[15]。

在国内,一批关于直流微电网的国家级项目获得立项,如"基于柔性直流的智能配电关键技术研究与应用"由深圳供电局于 2013 年牵头实施,主要目标为以直流固态变压器为核心的柔性直流配电技术[16];"高密度分布式能源接入交直流混合微电网关键技术"由浙江省电力公司承担,主要目标是解决系统的网架优化配置、稳定控制等理论与技术难点。

此外,清华大学、天津大学、浙江大学、华北电力大学、中国科学院电工所、台湾中正大学等高校及研究中心已建成不同电压等级、不同拓扑结构的直流微电网实验系统,并对系统控制、保护等相关内容展开研究,已初步形成 48 V DC、±170 V DC、380/400 V DC 等不同电压等级,单/多母线结构等多结构并行的局面,形成多源异构直流母线微电网运行方式[6]。

但总的来说,相较于交流微电网示范工程,直流微电网示范工程相对较少,究其原因,一方面,传统交流大电网良好的电网基础设施为交流微电网研究提供较好的基础条件,传统电网成熟的技术储备也使交流微电网的研究具有天然的技术优势;另一方面,低压直流微电网容量的限制和线路损耗阻碍了直流微电网的发展,高压直流微电网电力电子变流器、直流断路器等关键设备目前还存在技术瓶颈,基础设施不完善也是其中一个因素。随着电力电子技术的发展,近年来,直流微电网研究成果出现上升趋势。

1.3　微电网协调控制国内外研究现状

1.3.1　微电网协调控制架构研究现状

无论直流微电网还是交流微电网,从通信架构上其协调控制可分为集中控制、主从控制、3C 循环链控制、分散控制和分布式控制。

微电网集中控制系统[17](Centralized Control System,CCS)是借鉴大电网现有的成熟控制方式而来,目前研究比较深入。在集中控制系统中,一般通过分层实现相应功能,中央控制器承担与所有子系统的通信任务,同时进行信息处理和数据计算,实现数据的统一管理,然后将控制指令下达至各子系统,微电网集中控制系统典型结构示意图如图 1-2 所示。

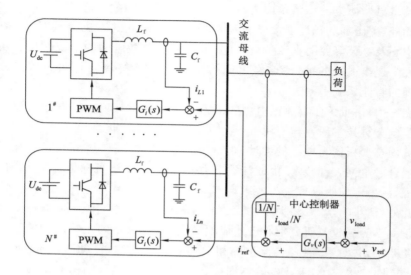

图 1-2　微电网集中控制系统典型结构示意图

　　目前,单纯的微电网集中控制架构的学术研究已比较深入,并由学术研究向工程试点应用过渡。

　　集中控制的特点:所有通信任务均由中央控制器负责,适合小规模系统。当系统复杂、规模较大时,对中央控制器实时处理能力要求高,对中央控制器依赖严重,一旦中央控制器故障,整个系统崩溃,易受单点故障的影响;系统可扩展性差,与微电网"即插即用"要求冲突。

　　主从控制系统[18-19](Master-slave Control System,MCS)没有单独的中央处理器,而是把所有逆变器当中的一台作为主机,其余设定为从机。主从控制系统对主控制器要求相对较低,一般多用于孤岛模式,维持系统电压稳定,其典型结构示意图如图 1-3 所示。

　　在主从通信架构中,只有主机采用双闭环控制,作为电压型电源,稳定系统电压,同时向从机提供参考信号[20]。当主机发生故障时,微电网立即将其切除并按照协议重新设定主机,这种模式提高了可靠性,但在重新设定主机的过程中,被设定为主机的逆变器运行模式会发生变化,对模式切换控制要求较高,若模式切换不成功,会造成微电网瘫痪。主从控制由集中控制演化而来,本质上属于集中控制范畴。

　　3C 循环链控制[21](Circular Chain Control,CCC 或 3C)的通信拓扑为环形

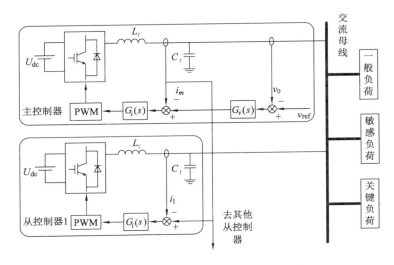

图 1-3   微电网主从控制系统典型结构示意图

结构,其原理如图 1-4 所示。每台逆变器符合对等控制原则,每台逆变器的相关变量作为相邻逆变器相关变量的参考信号,最后一台逆变器的相关变量再作为第一台逆变器相关变量的参考量,形成一个环链结构,电流控制器跟踪前一台逆变器的电感电流,从而达到均流控制。由于每台逆变器都与相邻逆变器相互影响,其中任意一台逆变器故障,都会造成整个系统瘫痪,且与微电网的"即插即用"要求不符。从图论的角度分析,3C 循环链控制也可以看作一种不满足 $N-1$ 安全原则的分布式控制的特例,因此,此种控制策略从提出到现在没有引起太大的重视。

分散控制[22]没有中央控制器负载全局信息的处理,每一个发电微源都配备一个本地控制器,完成本地控制,其原理如图 1-5 所示。

在分散控制系统中,微电网中的分布式电源之间地位平等,可以实现"即插即用"功能。由于没有全局中央控制器,系统的管理由本地控制器实现,与集中控制相比,分散控制方式适合微电网结构的内在要求。但是,由于分散控制没有设置通信系统,无法实现全局信息共享,微源间运行相对独立,进而难以灵活实现整体系统的协调和优化。

分布式控制[23]没有中央控制器,各个微源的地位都是相同的,是独立平等的。与分散式控制策略不同的是,分布式控制在相邻微源之间实现了信息共享,通过信息共享,达到系统各部分之间相互协调的目的,其原理如图 1-6 所示。

分布式控制具有对周围环境变化感知和调节的能力,将控制中心的优化调

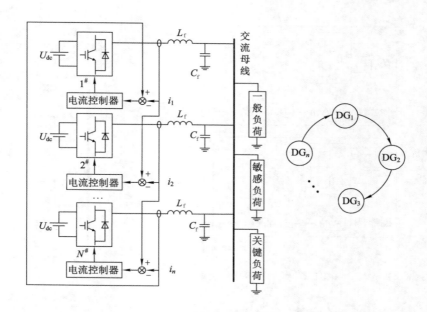

图 1-4　微电网 3C 控制原理示意图

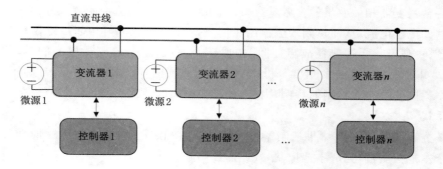

图 1-5　微电网分散控制原理示意图

度任务按照一定的要求由每个微源的控制器承担,这种运行方式增强了系统的稳定性。与集中控制不同,分布式控制由于不再采用数据的集中处理方式,信息通过微源的本地控制器相互共享,达到协调系统的目标。由于微电网的拓扑结构非常灵活,没有一个统一的结构形式,因此,分布式控制非常适合微电网这种物理分布式结构,任何一个微源的接入与退出都不会影响系统的运行,可以实现微源的"即插即用"功能。分布式控制及优化调度主要依靠相邻微源的通信,相对于集中控制减少了对通信系统的依赖,这种结构增强了系统的鲁棒性。

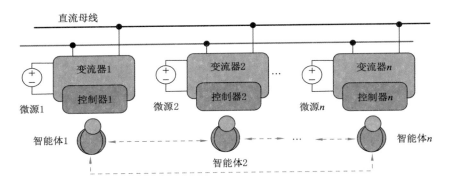

图 1-6 微电网分布式控制原理示意图

多智能体系统(Multi-Agent System,MAS)具有自主目标设定能力和自主行为能力,智能体与智能体之间具有信息数据和行为交互能力,分布式控制一般采用 MAS 实施,如图 1-6 所示。每个智能体都与相邻智能体进行本地信息双向通信,同时进行数据处理,完成相应控制任务。

1.3.2 微电网协调控制策略研究现状

(1)微电网接口控制策略

交流微电网接口控制策略主要有恒功率控制、下垂控制、恒压/恒频控制、虚拟同步发电机控制。

恒功率(P/Q)控制的目的是维持功率恒定,使分布式发电微源输出的功率按要求跟踪参考功率[24],其特性如图 1-7 所示。

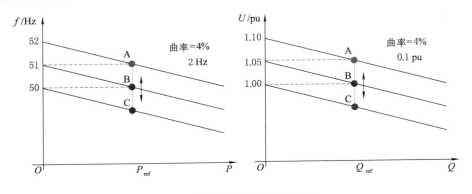

图 1-7 恒功率控制特性示意图

P/Q控制策略是通过本地控制器接受上层控制器给定有功和无功功率指令后,通过跟踪参考指令,满足功率输出要求。P/Q控制具有很高的输出阻抗,对环流具有抑制作用,大部分不可控微源都是通过 P/Q 控制模式接入微电网[25]。

在并网和孤岛运行模式下,微电网均可采用 P/Q 控制。微电网并网运行模式下,由于有大电网提供电压支撑,常采用 P/Q 控制策略实现系统功率平衡。孤岛运行模式下,采用 P/Q 控制的微电网必须具备维持系统电压稳定的可控发电微源,避免 P/Q 控制不能为孤岛运行模式提供电压支撑[3]。对可控分布式发电微源,可以运行在两种典型的控制模式下,即 P/Q 控制模式和 V/f 控制模式,通过调整上级控制器的参考值,进行微电网中相关变量的调节,如电压幅值和频率等。

为实现 P/Q 控制模式,通过建立准确数学模型,采用 d-q 变换下的双 PI 控制[21]或基于 α-β 变换下的 PR 控制[26]方式均能取得理想的控制效果。也有学者采用智能控制[27-28]提高逆变器 PI 控制器的跟踪速度,如神经网络控制[29]和模型预测控制[30]等。智能控制在超调量和调节速度上都明显优于 PI 控制方式,但智能控制训练数据的种类和数据有效性常常是影响系统性能的两大因素[31],设计的系统一旦进入训练盲区,系统性能不可控,鲁棒性下降。

下垂控制(Droop Control)是利用有功功率与频率、无功功率和电压之间呈线性关系而对分布式电源进行控制[32]。在对等控制策略中,最经典的下垂控制就是 P/f 和 Q/U,在该控制策略中,每个发电微源地位平等,只利用本地信息进行控制。当系统中某一个发电微源的控制系统发生故障时,剩余的发电微源工作模式不需要改变,系统仅仅是按照预先设定的工作曲线重新选定需要的工作点,提高了可靠性。微电网 P/f 和 Q/U 下垂控制示意图如图 1-8 所示。

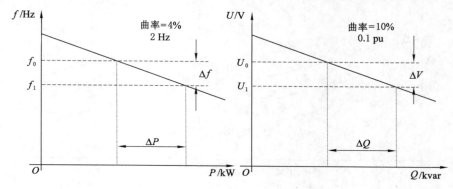

图 1-8　下垂控制特性示意图

因下垂控制不用通信线就能够实现系统频率、电压的稳定,是满足微电网"即插即用"要求的主要手段[33]。研究人员通过有功频率及无功电压下垂控制[34-35],使得逆变器能够具有同步发电机的调压调频特性,以模拟传统同步发电机具有的特性,实现避免环流、抑制系统振荡的目的。

传统下垂控制的条件是集总参数为感性,从输入输出角度出发,使逆变器具有同步发电机外特性,而不考虑内部具体工作状态。这种集总参数不但使有功功率与无功功率相互耦合,对系统的稳定性造成影响,而且各逆变器也不能按照下垂系数精确进行功率分配[36]。为解决上述影响,研究人员通过功率解耦控制来消除集总参数中阻性部分的不利影响,实现有功功率按设定下垂系数进行分配,但对无功功率无影响。而且,下垂控制中,频率偏差会随着下垂系数的变化而变化,电压幅值偏差也会随下垂系数的增大而加剧,下垂控制的有差特性会进一步恶化系统功率分配效果与电能质量之间存在的固有矛盾。

为消除或减少下垂控制的不利影响,研究人员在下垂控制的基础上,通过改进下垂控制[37]实现微电网的控制要求。针对集总参数造成的耦合问题,采用功率解耦方式,实现有功和无功的解耦,出现了在逆变器出口串联大电感使集总参数呈感性的无源阻抗法[38]。为克服无源阻抗法存在的经济性问题,控制参数调节法[39]、虚拟阻抗法[40]等对集总参数进行调节的有源阻抗法得到了广泛研究,同时,根据线路阻抗参数,通过功率坐标变换,设计出了虚拟功率法,实现虚拟有功功率/频率下垂控制、虚拟无功功率/电压幅值下垂控制[41],带有电压补偿环节的"虚拟电抗法"[42],实现功率按容量分配的同时,抑制电压出现大幅跌落,解决传统下垂控制造成的安全问题。通过在下垂系数中引入功率一次函数和增加功率微分项的下垂系数调节法[43]或自适应下垂调节方法[44]可以提高输出功率分配精度。为有效解决功率均分精度与输出电压跌落之间的内在矛盾,文献[45]提出一种将交流母线作为反馈变量,设计改进下垂系数的控制策略,实现频率偏差和电压幅值偏差有效补偿。

另外,通过鲁棒下垂多环谐振控制[46]或采用增大虚拟电抗的方法,可以削弱功率耦合带来的不利影响,实现消除误差的目的。根据负荷电流和电压幅值变化设计动态虚拟阻抗,也可以减小因引入虚拟阻抗导致电压降过大的问题[47]。

恒压/恒频控制(V/f)是保持电压/频率不变的一种控制,是主从控制方式,是主要用于电压/频率需要维持恒定场合的一种控制策略[48]。同时,当外部发生扰动或有负载投入和切除时,能快速响应负荷投切,补足功率缺额,图1-9所示为恒压恒频控制特性示意图。

恒压恒频控制通过计算频率偏差和电压偏差,计算微电网的功率差额,并通

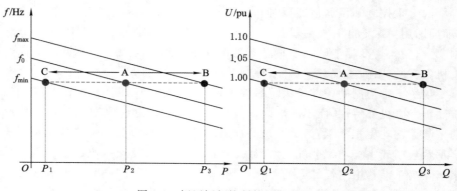

图 1-9　恒压恒频控制特性示意图

过 PI 控制器不断调整,实现电压和频率的无差控制。在微电网孤岛运行时,需要配置采用恒压恒频控制模式的可控微源为微电网提供电压支撑,并具有一定的负荷功率跟随特性[49]。在微电网并网/离网切换运行时,一般会涉及恒功率控制策略与恒压恒频控制策略切换[50],以满足不同运行模式的控制要求。采用恒压恒频控制的微电网,可以基于极点配置方法对独立微电网变流器控制参数进行设计,建立基于恒压恒频控制模式的独立微电网变流器控制系统[51]。也可以通过限流模型预测直接功率控制,结合模型预测控制,改善微电网动态响应性能[52]。也有学者利用卫星授时信号,产生逆变器同步电流,采用 I/U 下垂控制,按逆变器容量比例实现有功功率与无功功率的分配,达到降低逆变器无功功率输出的目的[53]。文献[54]采用自抗扰控制技术,解决了分布式发电微源波动等引起的并网点电压上升/跌落超出上/下限的问题,实现电压稳定控制。

虚拟同步发电机(VSG)从外特性等效的思路出发,借鉴传统电力系统分析方法,使逆变器从外特性上具有同步发电机特性,以此提高常规分布式发电控制技术的惯性和阻尼特性,有效地解决了微源投切时造成的频率突变问题[55]。

目前,虚拟同步发电机研究成果较多,并且出现了针对传统同步发电机控制不足的改进虚拟同步发电机控制方法,取得了较好的效果。针对传统同步发电机固定惯性和阻尼控制的不足,可以采用自适应虚拟惯性和阻尼控制策略,以消除传统虚拟同步发电机控制频率有差调节及调节精度不高等问题[56-57]。针对传统虚拟同步发电机控制振荡问题,可以通过负载分类,采用基于虚拟电感和暂态阻尼的暂态主动功率分配优化方法[58],解决由于负载变化产生的有功功率过冲和振荡问题;也可以通过设计分数阶虚拟惯性的虚拟同步发电机控制策略,抑制逆变器并网运行过程中输出有功功率的振荡及系统响应速度变慢的问题[59];或基于 Bang-bang 控制策略,通过频率变化的加速和减速改变虚拟惯性取值来快速抑制频率和功率振荡[60]。针对参数扰动及系统稳定性问题,利用虚拟同步发电机控制,设计虚拟同步发电机控制子系统作为反馈环节,建立交直流混联系统的闭环线性化互联模型,提升了多端交直流混联电力系统的稳定性[61];也可采用 Hamilton 系统方法,设计 VSG 控制方案,消除系统摄动参数的不利影响[62]。针对虚拟同步发电机的容量问题,以虚拟功角和频率为宏变量的虚拟同步发电机暂态稳定协同控制策略,可以解决虚拟同步发电机受容量限制的问题[63]。

直流微电网接口控制策略主要有下垂控制、定电压控制、平均电流控制、虚拟惯性控制。

直流微电网常见的下垂控制策略是检测接口有关电压或电流,使得电流和电压之间成反比变化,进而实现微电网接口稳定的一种控制方式。与交流微电网下垂控制一样,应用下垂控制的直流微电网系统具备更高的可靠性和"即插即用"性能,便于系统的扩容。

直流微电网下垂控制研究成果较多,并且出现了针对传统下垂控制不足的改进下垂控制方法。针对传统下垂控制的不足,研究人员采用阻性虚拟阻抗加补偿虚拟阻抗的改进下垂控制策略,分别实现直流微电网稳态时的功率分配和动态性能提升,极大地改善了系统性能[64]。通过检测 DC/DC 变换器输出直流母线电压,进而根据直流母线电压调节电流环的参考电流,使参考电流变化与直流母线电压变化相反,进而直接控制 DC/DC 变换器输出电流的嵌入式虚拟阻抗下垂控制[65],最终获得较好的动态响应。也可在源侧变流器上构造一个虚拟感抗环节,缓解恒功率负荷带来的母线电压波动,解决了孤岛模式下直流微电网恒功率负荷对系统稳定性的影响[66]。针对直流微电网虚拟阻抗下垂控制和嵌入式下垂控制两种方法概念区分不明确等问题,可以通过下垂控制的多并联DC/DC 变换器大信号建模方法,建立可用于分析虚拟阻抗下垂控制和嵌入式下垂控制的由动态过程变化量构成的状态空间数学模型,利用这种状态空间数学模型可以分析不同稳态之间相互转换时的暂态过程,为建立分析虚拟阻抗下垂控制和嵌入式下垂控制的统一形式提供了思路[67]。

由于线缆阻抗的存在,下垂控制存在电压偏差和电流分配精度之间的矛盾[68],因此,如何降低直流微电网下垂控制电压偏差、提高电流分配精度需要进一步研究。

定电压控制方式主要是保持变换器输出电压不变的一种控制方式[69]。文献[70]针对交直流混合微电网,提出一种接口换流器与直流侧电网储能 DC/DC 换流器的协调控制策略,使系统不管工作在何种状态,储能 DC/DC 换流器始终保持恒定电压以实现直流侧电压偏差为零。

文献[71]采用平均电流控制对 Boost 电路控制进行了研究,设计了电流环、电压环以及乘法器并将其应用到 PFC 电路,取得较好的效果。

也有研究人员借鉴交流微电网虚拟同步发电机控制思想,对直流微电网实现 Buck-Boost 变换器虚拟同步发电机控制,通过模拟 DC 发电机的惯性特性来调节直流微电网功率波动引起的直流微电网母线电压波动,取得初步成效[72]。

另外,直流微电网中微源的接入与退出也需要电压同步控制,以满足微源频繁的接入与退出要求,目前还较少见此方面的研究成果。

(2) 微电网系统控制策略

交流微电网系统控制策略主要用于解决下垂控制引入的稳态误差,实现微电网系统的稳定、优化及经济运行等。根据不同通信架构,采用不同的控制策略。

在集中式通信架构下,一般通过分层实现系统的控制,此时,由中央控制单元检测微电网系统的频率/电压与参考值的误差,通过 PI 控制器获得下垂曲线的调节偏差,再由中央控制单元转化为相应指令下达至各发电微源,各发电微源根据接收到的指令进行调节,由于 PI 控制器的存在,能够实现频率/电压的无差调节[73]。集中控制架构下的研究成果较多,如文献[74]考虑大规模分布式电源接入对低压配电网的影响,设计了以节点电压与参考值偏差最小为优化目标的集中式电压控制方法,实现低感知度配电网控制;Palizban 等[75]将公共点电压值作为全局参考变量,传送到各分布式发电微源,作为各分布式发电单元的统一参考值,从而实现了无功功率的精确分配。但集中控制方式的保守性与微电网的可扩展性要求相矛盾,为解决集中控制策略中的不足,分散控制在微电网功率优化控制和经济优化中得到了重视,在优化方面取得诸多成果。在功率优化方面,陆晓楠等[76]根据荷电状态对传统下垂控制进行改进,使储能单元提供的有功功率与荷电状态成正比,实现有功功率的分配;在经济优化方面,文献[77]采用分散控制,按照分布式发电微源的运行成本曲线,提出改进下垂控制策略,使系统根据运行成本分配发电功率而不是根据功率容量进行分配;文献[78]提出一种成本优先的改进下垂控制策略,该策略根据微电网的总体负荷自主识别发电微源的投入或切除,使得微电网获得较低的总发电成本;辛焕海团队采用分层控制架构,设计了分散自寻优控制策略,实现系统按微增成本进行负荷共享[79]。

为了适应微电网分布式控制要求,基于多智能系统的分布式一致性算法得到了深入研究,对分布式一致性算法进行了分析和系统设计,建立了完全分布式的一致性算法[80],并在微电网控制中得到广泛关注,通过 MAS 的分布式信息交互,深入研究微电网建模、仿真、具体实现及系统协同功率优化控制策略,初步建立了基于 MAS 的孤立微电网分布式控制理论与方法框架[81]。

多智能系统的分布式一致性算法在消除稳态误差、功率负荷分配等方面均有成果出现。

为了消除稳态误差，提高系统稳定性，研究人员采用分布式控制策略，通过本地控制器与整个系统中所有其他控制器进行通信，实现微电网电压/频率控制[82]；也可采用离散时间方法建立广义直流微电网模型，采用一致性算法研究关键控制参数、通信拓扑和通信速度对微电网稳定性的影响[83]；基于各类改进的动态一致性算法常常用于改善直流微电网的协调二次控制，提高母线电压的响应速度[84-85]；也有成果采用一致性算法，建立基于一致性控制的系统阻抗模型用于研究信息层参数对系统阻抗模型的影响及稳定性[86]。

在负荷功率分配和克服功率损失方面，基于鲁棒一致性协议的均流调压控制策略，可以克服拓扑可变的直流微电网系统功率损失问题[87]；采用分布式二次控制可以解决孤岛运行模式交流微电网电压/频率恢复问题，实现分布式发电微源根据额定功率成比例地进行负荷分配[88]；在原始下垂控制的基础上引入电压二次控制及发电成本控制，通过有限时间一致性算法，最终实现电压稳定及系统最优运行[89]。

文献[90]基于一致性的分布式电压控制方法，解决了以感性电源线为主、任意拓扑结构的微电网中的无功功率共享问题；文献[91]采用自律分布式控制策略，实现交直流混合微电网各端换流站间有功功率的合理分配，平抑了负荷波动。

通过建立直流微电网混杂负载非线性差分模型，利用一致性协议来获取各节点平均电压参数，实现系统微源的功率优化分配[92]；文献[93]提出一种多组混合储能一致性控制算法实现超级电容器间功率和蓄电池间功率合理分配。也有对不确定的时变网络进行研究的成果，如文献[94]采用牵制一致性算法研究孤岛微电网的频率协同控制策略，对不确定的时变网络进行分析研究。

也有学者将不同方法与一致性算法相结合，实现微电网的协调控制。如基于 PI 一致性算法的电压优化控制策略[95]，基于一致＋创新方法的微电网分布式能量管理[96]、功率守恒理论和一致性算法的微电网自适应虚拟阻抗法[97]。考虑到分布式协调控制的通信特点，为解决智能电网动态经济调度问题，出现了连续时间分布式一致性算法[98]、有限时间一致性算法[99]、考虑边际成本的分布式一致性算法[100]、考虑微增成本作为一致性变量，用二次成本函数求解 EDP 的分布式算法[101]等。

与交流微电网系统控制类似，直流微电网系统控制是为了解决下垂控制引入的稳态误差，实现直流微电网系统的稳定、优化及经济运行等。

根据解决问题的不同，出现了不同的直流微电网协调控制方法。针对传统下垂控制在母线电压稳定和负荷电流准确分配中存在的问题,通过主动测量方法获取线路阻抗信息,并将其以负补偿形式引入下垂系数中,形成电压自动恢复的独立直流微电网改进下垂控制策略,抑制了线路阻抗不一致对电流分配造成的不利影响[102]。针对直流微电网的负载共享和电压平衡问题,文献[103]将其转化为直流微电网的负荷分配和电压平衡多目标优化问题,采用分布式下垂控制器设计方法,实现直流微电网负载共享和电压平衡。文献[104]将电压控制问题转换为优化问题,提出一种基于 PI 一致性算法的电压优化控制策略,保证各母线偏离额定值的偏差和最小,提高了系统可靠性和鲁棒性。

也有研究人员将容性负载直流微电网简化为一类耦合动态互联非线性网络化系统,提出分布式协同控制方法,设计了增益可调的分布式协同 PI 控制律,实现负载均衡的目标[105]。文献[106]结合集中控制和分布式控制优点,利用分布式一致性算法迭代寻找发电单元的最优经济运行点的方法,提出了一种分布式经济下垂控制策略,通过改变下垂量,使微电网总运行成本最低。文献[107]提出了含母线电压补偿和负荷功率动态分配的控制策略,在下垂控制的基础上,设计电压调节控制和电流矫正控制的分布式二次控制。文献[108]利用分布式二次控制框架,采用离散时刻采样电流平均值,提出了一种改进的基于离散时间交互的直流微电网控制策略,在保证电流分配精度的同时减少了直流母线电压偏差。

为解决附加虚拟惯性控制和恒功率负载削弱系统阻尼、导致直流母线电压产生高频谐振的问题,从阻抗匹配的角度出发,利用有源阻尼的思想,采用并网换流器串联虚拟阻抗的方法,可保证直流母线电压稳定[109]。针对独立运行的直流微电网,米阳等学者采用动态一致性算法动态地调整虚拟阻抗,实现电流负荷精确分配,提高了系统的可靠性与灵活性[110]。文献[111]利用原接入电网的电感稳态电流值和母线电压微分作为控制指令,利用能量与功率关系设计虚拟电容并将其引入母线电压控制环,解决直流微电网惯性低、抗扰动能力差的问题。

1.4 问题提出及解决思路

综上所述,无论是交流微电网还是直流微电网的协调控制,从通信控制架构的研究成果来看,集中控制方式在学术界和工业界得到广泛认可,但面临集中控制方式保守性与微电网可扩展性的矛盾。集中控制架构与微电网"即插即用"内在要求冲突,由于所有通信任务均由中央控制器负责,不但对中央控制器实时处理能力要求高,而且对中央控制器依赖严重,一旦中央控制器故障,整个系统崩溃,易受单点故障的影响。主从控制由于是从集中控制演化而来的,与集中控制的主要区别仅仅是控制中心任务的实施对象不同,实施形式仍然是任务集中处理,本质上属于集中控制的范畴,因此,难以避免集中控制架构的不足。

3C 循环链控制由于本身的局限性,在学术界及工业界没有引起太大的关注。分散控制虽然满足微电网"即插即用"要求,系统动态响应速度快,但是,由于分散控制中的本地控制间无法实现全局信息共享,各个微源相对独立,因而难以灵活实现整体系统的协调和优化;而且由于信息缺失造成的系统状态不完备,可能引起系统稳定域减小,严重时可能导致功率振荡或系统失稳。

分布式控制由于与微电网分布式结构特点相适应,因此采用分布式控制模式更显其优势。但本质上讲,分布式方式是一种妥协方式,因为分布式方式在计算过程中出现数据拆分,造成诸如一致性、通信等问题。分布式系统的执行也存在非稳定性因素,导致分布式算法的设计和分析较集中式算法要复杂、困难。目前还没有统一的微电网分布式控制架构设计方法,已有成果也尚未充分考虑实际运行状况。

因此,根据微电网接口特点、控制方法,以已有成果为基础,分析微电网运行规律,设计符合实际需求的微电网协调控制架构,需要进一步深入研究。

从接口控制策略看,无论是交流微电网接口控制还是直流微电网接口控制,在获取准确数学模型基础上,基于双闭环框架的双 PI 控制或 PR 控制都能取得良好的控制效果,对等控制中的下垂控制无须通信,可进行不同的功率分配,可靠性高,可扩展性强,但存在电压(频率)稳态误差、均流精度不高等问题,改进下垂控制对系统经济性、压降及损耗的影响需进一步研究;而且,下垂控制几乎不能为微电网提供惯性支持,这可能导致微电网在负荷变化时的频率急剧变化,影响微电网的稳定性并引起负荷共享竞争。

虚拟同步发电机控制将系统作为一个黑箱问题,从模拟传统同步发电机外特性出发,实现对系统的控制,改变了系统的惯性特性。但虚拟同步发电机控制器在功频特性、励磁特性及系统的稳定性方面还有待提高,且因引入虚拟惯性和阻尼环节,造成系统响应速度变慢。因此,在采用虚拟同步发电机控制时,系统稳定性和响应速度如何综合考虑,需要进一步研究。同时,由于微电网中微源的频繁接入与退出,对同步技术也提出更高的要求,现有锁相环同步技术由于本身非线性特性、近似处理方式等影响,在处理微电网微源的同步接入问题时存在不足,需要进一步研究。

从系统级控制策略来看,无论是交流微电网还是直流微电网,在实现相关功能的分层控制中,小时间尺度的网级电压(频率)恢复控制和大时间尺度的经济优化调度之间存在着差异,造成系统控制的不匹配,降低系统运行效率。随着可再生能源和可持续能源在微电网中的日益融合,能源的预测误差可能会降低交流微电网的经济效益。为提高微电网的运行效率及经济效益,应重新设计具有通信能力的节点网络及网级控制策略,以减小不同控制水平之间的差异和不匹配度,减少经济优化调度过程中功率失配可能会引起的系统振荡,实现微电网的优化运行。

根据以上分析,为了设计灵活、高效的微电网系统分布式控制策略,以下问题有待深入研究:

(1)微电网协调控制中的电力电子接口弱惯性控制问题。分布式发电微源的接入大都通过电力电子接口,电力电子的弱惯性降低了系统的稳定性。无论是微电网的 P/Q 控制、V/f 控制、Droop 控制及由 Droop 控制演变而来的各种改进下垂控制,本质上是处理微电网的接口控制及均流问题。目前对接口 P/Q 模式双闭环 PI 控制、接口 P/Q 模式双闭环 PR 控制及 V/f 控制研究比较深入,对不同控制策略适用场合及模式也有了越来越详尽的认识,但基于下垂外环控制和基于比例积分电压电流内环控制的微电网典型接口(电压源型逆变器及 Buck-Boost 变换器)惯性较小,可能导致微电网在负荷变化时频率/电压急剧变化,影响微电网的稳定,引起负荷共享竞争等,这些问题还需进一步研究。

(2)微电网协调控制的同步问题。微电网协调控制中,发电微源接入前的同步控制对于微电网的稳定运行具有重要影响,研究新的同步方法以克服锁相环在发电微源接入过程中对微电网的负面影响,具有实际意义。

(3)功率平衡与经济分配问题。由于微源类型多样,特性不一,微电网的功率平衡、分配影响因素复杂,如何保证多因素影响下系统的功率平衡,实现系统的经济分配,尚需深入研究。

针对以上问题,本书重点解决以下几方面的问题:

(1)交流微电网电压源型逆变器串级控制及软同步控制研究。针对电压源型逆变器控制弱惯性及由其引起的环流等问题,设计基于虚拟同步发电机外环控制与滑模内环控制的串级控制策略;针对发电微源接入前的同步要求,研究发电微源无 PLL 的系统软同步控制问题。

(2)直流微电网 Buck-Boost 变换器串级控制及软同步控制研究。针对 Buck-Boost 变换器控制弱惯性及由其引起的环流等问题,设计基于虚拟惯性外环控制与滑模内环控制的串级控制策略;针对发电微源接入前的同步要求,研究发电微源无 PLL 的系统软同步控制问题。

(3)采用分布式通信架构,基于分布式一致性算法的微电网协调控制研究。根据一致性算法基本原理,采用分布式通信架构,提出基于一致性算法的交流微电网分布式事件触发频率控制和直流微电网分布式一致性最优母线电压控制策略,解决微电网功率分配不均的问题,实现微电网稳定和经济调度。

（4）提出了微电网多时间尺度优化调度策略,通过结合各个时间尺度下的预测数据协调机组出力,提高微电网能量管理系统的性能和降低调度决策的保守性,为微电网优化调度提供技术支撑。

1.5　章节安排

本书研究了电压源型逆变器微电网的协调控制及 Buck-Boost 变换器直流微电网的协调控制。在电压源型逆变器和 Buck-Boost 变换器建模的基础上,分别设计了基于虚拟同步发电机控制和滑模控制的电压源逆变器串级控制,基于虚拟同步发电机控制和终端滑模控制的 Buck-Boost 变换器串级控制,根据一致性算法基本原理,采用分布式通信架构,提出了一种分布式一致性算法,并将其应用于交流微电网和直流微电网的协调控制。

第 1 章:绪论。

简述课题研究背景及意义,国内外研究现状,给出本书的主要工作安排。

第 2 章:微电网协调控制理论基础。

介绍了滑模控制基本原理,图论的基本概念,分布式一致性控制及非线性优化问题。

第 3 章:电压源型逆变器串级控制。

首先,在电压源型逆变器建模的基础上,提出基于虚拟同步发电机控制及滑模控制的串级控制策略,提高系统的鲁棒性和频率稳定性。其次,提出了一种无锁相环系统软同步控制方法,满足电压源型逆变器的"即插即用"要求。最后,给出了仿真和实验验证。

第 4 章:交流微电网分布式一致性频率协调控制。

首先,提出了一种分布式一致性算法,证明了分布式一致性算法实现系统频率恢复并能同时获得系统经济调度的可行性。其次,设计了交流微电网事件触发二次控制方案。最后,仿真验证了所提出的控制策略。

第 5 章:Buck-Boost 变换器串级控制。

首先,在 Buck-Boost 变换器建模的基础上,提出基于虚拟惯性控制及终端滑模控制的串级控制策略,提高系统的鲁棒性和电压稳定性。其次,提出了一种电压软同步控制方法,满足 Buck-Boost 变换器的"即插即用"要求。最后,给出了仿真和实验验证。

第 6 章:直流微电网分布式一致性最优电压协调控制。

首先,针对下垂控制直流微电网特点,提出功率控制器和本地电压控制器偏差修正项实现方法。其次,提出基于分布式一致性平均母线电压发掘算法,实现微电网经济调度。最后通过实例仿真,验证该控制方案的有效性。

第 7 章:计及不确定性的微电网优化调度模型。

首先,分析不确定性的来源和处理方法。其次,根据不同分布式微源的运行特性分别建立其数学模型。最后,给出多时间尺度调度框架的划分标准和运行原理。

第 8 章:微电网多时间尺度随机优化调度。

首先,采用场景生成方法模拟日前调度阶段可再生能源和负荷需求的不确定性,并确保在生成随机场景下也能得到最优功率分配,从而实现"期望最优,随机可行"的优化目标。其次,滚动优化策略被引入日内动态调度阶段对日前调度计划进行动态调整。最后,日内实时运行阶段通过与电网的实时交互平抑系统的功率偏差,有效保证系统的稳定经济运行。

第 9 章:微电网多时间尺度鲁棒优化调度。

首先,日前调度阶段将不确定变量的预测值描述为区间约束,以期望场景下的运行状况为主导并考虑两种极端场景下的调度成本求解得到日前调度计划。其次,日内动态调度阶段和实时运行阶段分别采用滚动优化及与电网交互的方法对日前功率分配进行动态调整。最后,通过对比两种不同多时间尺度策略的调度结果,分析了所提策略的运行性能。

第 10 章:结论与展望。

第 2 章　微电网协调控制理论基础

2.1　滑模控制基本原理

考虑如下所示非线性系统[112]

$$\frac{\mathrm{d}x}{\mathrm{d}t} = f(x, u, t) \quad x \in R^n, u \in R^m, t \in R \tag{2-1}$$

若状态空间中存在一个滑模面

$$S(x) = S(x_1, x_2, \cdots, x_n) = 0 \tag{2-2}$$

将状态空间分成 $S > 0$ 和 $S < 0$ 两部分,如图 2-1 所示。

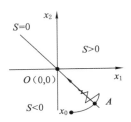

图 2-1　滑模控制示意图

从图 2-1 中可以看出,系统从初始状态 x_0 处开始,从两侧引向切换线 $S = 0$,当到达设定的滑模面后,系统沿着滑模面收敛到 $O(0,0)$ 点,此种运动称为滑模运动。直线 $S = 0$ 称为滑模面,相应的函数称为切换函数。在滑动模下,若系统的运动规律完全由滑模面函数决定,则系统不受参数变化或干扰的影响,此时系统具有很强的鲁棒性。

滑模控制本质上是一种特殊的非线性控制,设计滑模控制器的主要思路为:通过设定的控制作用,将被控系统从任一点开始,使系统的状态轨线沿着滑模面滑动到原点。根据确定的滑模面函数 $S(x)$,控制律形式如下:

$$u = \begin{cases} u^+(x), & S(x) > 0 \\ u^-(x), & S(x) < 0 \end{cases} \tag{2-3}$$

其中，$u^+(x) \neq u^-(x)$，设计的控制律使系统在任何初始点都能在有限时间内到达滑模面，并按预先设定的滑模面到达设定的平衡点。

由于滑模控制不受对象参数和扰动影响，具有很强的鲁棒性，因此将其用于微电网接口电路的控制可以降低模型参数及扰动的影响。

2.2 图论基本概念

图（Graph）是研究对象和实体之间成对关系的数学结构，是离散数学的重要分支，在计算机科学、化学、运筹学等领域具有广泛应用。数据以可视化图形表示能帮助人们理解数据，做出更好的数据驱动型决策。下面将本书用到的有关图的概念以定义形式给出[113-114]。

定义 2.1 图 G 定义为三元组 (v, ε, ψ)，记作 $G = (v, \varepsilon, \psi)$，其中：

（1）集合 $v := \{1, 2, \cdots, N\}$ 是顶点集，它的元素称作顶点；

（2）集合 ε 是边集，它的元素称作边；

（3）映射 $\psi : \varepsilon \to v \times v$ 是图 G 的关联函数，$v \times v$ 为笛卡尔积 $\{(i,j) \mid \forall i, j \in v\}$。

在定义 2.1 中，关联函数 ψ 给出了每一条边的两个顶点。

定义 2.2 如果图 G 中一条边的两顶点相同，则称为自环。

定义 2.3 如果图 G 中两条边具有相同的顶点，则称为重边。

为方便起见，对于不含重边的图，可以将其中的边记作 $(i,j)(i, j \in v)$，此时关联函数 ψ 为恒等映射，记作 $G = (v, \varepsilon)$。

定义 2.4 称不包含自环和重边的图为简单图。

定义 2.5 对图 $G = (v, \varepsilon, \psi)$，若对所有边，关联函数 ψ 将其映射成有序对，则称图 G 为有向图。相反，若关联函数 ψ 将所有边映射成无序对，则称为无向图。

定义 2.6 有向图 $G = (v, \varepsilon, \psi)$，对顶点 $i, j \in v$，若存在边 $e \in \varepsilon$ 有 $\psi(e) = (j,i)$，则称 i 为边 e 的尾，j 为边 e 的头；称顶点 i 是顶点 j 的入度邻居，顶点 j 是顶点 i 的出度邻居。顶点 i 的入度邻居集合定义为 $N_i^{input} := \{j \mid \forall j \in v, \forall e \in \varepsilon, \psi(e) = (i,j)\}$；同样，顶点 i 的出度邻居集合定义为 $N_i^{output} := \{j \mid \forall j \in v, \forall e \in \varepsilon, \psi(e) = (j,i)\}$。

定义 2.7 有向图 $G = (v, \varepsilon, \psi)$ 中的一条有向途径 (v,u) 是一个由顶点和边交替组成的非空有限序列 $u_0 e_1 u_1 e_2 u_2 e_3 \cdots u_{n-1} e_n u_n$

其中，$\psi(e_i) = (u_{i-1}, u_i)(1 \leqslant i \leqslant n, v = u_0, u = u_n)$，称 v、u 分别是该路径的终点和起点，其长度为 n。

定义 2.8 顶点各不相同的有向途径称为有向路径。

定义 2.9　对于有向图 $G=(v,\varepsilon,\phi)$，若对 $u,v\in v,u\neq v$，存在 (u,v)-有向图径，则称 u 可达 v。若对任意 $u,v\in G,u\neq v$ 均存在 (u,v)-有向图径，则称有向图 G 是强连通的。

定义 2.10　一个节点的度是指与该节点相关联的边的条数。

定义 2.11　圈指的是任选一个顶点为起点，沿着不重复的边，经过不重复的顶点为途径，之后又回到起点的闭合途径。

定义 2.12　给定图 G（无向或有向的），G 中顶点与边的交替序列 $L=v_0e_1 v_1e_2\cdots e_lv_l$。

（1）若存在 $i(1\leqslant i\leqslant l)$，$v_{i-1}$，$v_i$ 是 e_i 的端点（对有向图，要求 v_{i-1} 是始点，v_i 是终点），则称 L 为路，v_0 是路的起点，v_l 是路的终点，l 为路的长度。若 $v_0=v_l$，则称 L 为回路；

（2）若路（回路）中所有顶点各不相同（对于回路，允许 $v_0=v_l$），则称为通路（圈）。

2.3　分布式一致性控制

2.3.1　分布式一致性控制基本原理

分布式系统通常由异步网络连接的多个节点构成，每个节点有独立的计算和存储，节点之间通过网络通信进行协作。一个分布式系统不可能同时满足一致性、可用性和分区容错性三个基本要求，最多只能满足其中两项。在分布式系统中，无法避免分区容错性，所以需要在一致性和可用性之间平衡系统。

分布式一致性指多个节点对某一变量的取值达成一致，一旦达成一致，则变量的本次取值即被确定。

对控制系统而言，常常将具有一定动力学特征且相互影响的个体称为智能体，这些智能体组成的系统称为多智能体系统。

分布式一致性算法是通过点对点通信来共享每个智能体的本地信息，从而促进一组智能体的分布式协作。

对于多智能体系统，有如下定义[115]。

定义 2.13　假设每个智能体 $i,j\in v$ 在时间 $t(t\in R\geqslant 0)$ 有标量状态 $x_i(t)$。

（1）若对所有 $i,j\in v$ 有

$$\lim_{t\to\infty}\parallel x_i(t)-x_j(t)\parallel=0 \tag{2-4}$$

则称多智能体系统实现了弱一致性。

（2）若存在 $T<+\infty$，对所有 $i,j\in v$ 有

$$\parallel x_i(t) - x_j(t) \parallel = 0, \quad \forall t > T \tag{2-5}$$

则称多智能体系统实现了有限时间弱一致性。

（3）若存在 $\alpha \in v$（依赖于初始状态），对所有 $i \in v$ 有

$$\lim_{t \to \infty} x_i(t) = \alpha \tag{2-6}$$

则称多智能体系统实现了一致性。

对多智能体离散系统,有如下多智能体离散时间一阶平均一致定理[115]。

定理 2.1 对多智能体系统,其通信拓扑图 (v, ε, A) 为强连通简单图,设各个智能体的动力学模型为

$$x_i(k+1) = x_i(k) + \varepsilon u_i(k) \tag{2-7}$$

其中,若步长 $0 < \varepsilon < 1/\max_i \left\{ \sum_{j \neq i} a_{i,j} \right\}$,各智能体使用如下一致性协议

$$u_i(k) = \sum_{j \in N_i} a_{i,j} [x_j(k) - x_i(k)] \tag{2-8}$$

则多智能体系统能够达到全局渐近平均一致,当且仅当对应的通信拓扑图 (v, ε, A) 也是平衡的。

2.3.2 分布式一致性控制拓扑结构

微电网可以作为一个多智能体系统（Multi-Agent System,MAS）工作,如图 2-2 所示,每个智能体通过与相邻智能体进行通信,处理本地分布式微源的测量、控制和计算任务。一般来说,MAS 的通信拓扑建模为图 $G = (V, E)$,其中 V 为智能体,$E \subseteq V \times V$ 为两个相邻智能体之间的通信链路。智能体 i 的相邻智能体集用 $N_i = \{j \in V | (i, j) \in E\}$ 表示。当且仅当任意两个智能体之间存在通信链路（即边）时,才称为连接的 MAS 图。

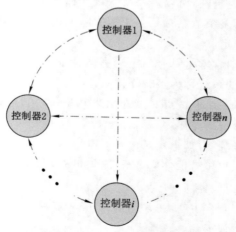

图 2-2　分布式通信系统架构

采用完全的多智能体系统,每个本地控制器都需要与整个系统中其他控制器进行通信,这就导致了很高的通信成本。为解决这个问题,根据图论可知,并不是每个控制器之间都要进行通信,而是若干个控制器之间进行通信即可,这样既能降低系统的通信及计算负担,又能满足安全性要求,避免单点故障,也就是说控制器中任何一个通信出现故障,都不会影响整个系统的性能。

从图论角度,每个分布式发电微源都分配一个智能体,每个智能体为一个结点,智能体之间相互通信相当于结点之间相互连接的边。根据图论知识可知,对于含 n 个智能体的系统,可以看作 n 个结点的完全图 K_n,且最多共有 $|E(K_n)| = C_n^2 = n(n-1)/2$ 种含有 n 个结点的 $n-1$ 正则图。

通信拓扑图中每个结点实现的功能已知(或由上层给定),每个结点之间也相互通信,都确保相互数据正常运行。

对完全图 K_n,系统安全性最高,但通信资源利用最丰富。

关于结点之间的通信拓扑,有以下定理。

定理 2.2　若将每个智能体看作一个结点,不同智能体之间的通信看作连接两个结点的边,要实现不同智能体间的相互通信,结点和边至少要形成路。

证明　若 n 个结点组成的路为 P_n,则 $\deg(v_1) = \deg(v_n) = 1$ 且 $d(v_1 - v_n) = n-1$ 为最大。若任意两个相邻结点 $(v_i, v_{i+1})(i = 1, 2, \cdots, n-1)$ 的边被删除,则图的连通数必然增加 1,v_1、v_n 必然属于不同的通路,$d(v_1 - v_n)$ 不存在。定理证毕。

实现本地信息共享的最小拓扑满足如下定理。

定理 2.3　实现含 n 个智能体本地信息冗余共享的最小拓扑是含 n 个智能体系统的通信链路形成圈。

证明　从圈的定义知,对于一个含 n 个结点的图,如果满足圈的定义,则该图为 2-正则图,对于 2-正则图,任两个相邻结点,都有边与其连接,圈必形成一个闭环,由于路是圈通过删除圈的一条边得到的生成子图,假设与删除边相连的结点为 $(v_i, v_{i+1})(i = 1, 2, \cdots, n-1)$,则 $\deg(v_i) = \deg(v_{i+1}) = 1$,根据路的定义知,此时,圈形成了路 P_n,$d(v_1 - v_2) = n-1$,由定理 2.2 可知,不管删除哪两个结点之间的边形成的路,每个结点都可以一步或多步实现通信。定理证毕。

此时,系统已不是真正意义上的分布式结构了,而是退化为单向 3C 循环控制结构。定理 2.3 的意义在于保证了系统正常运行的最小通信个数。从而也说明,3C 通信结构是圈的一个典型应用。

从定理 2.3 也可以看出,对于多智能体系统,要实现分布式系统控制,每个智能体至少包含 2 个不相同的相邻智能体,才能实现 $N-1$ 的安全要求。

2.3.3　分布式一致性模型

一般的分布式一致性算法可建模为如下式所示的离散时间线性系统[81,116]

$$X(k) = X^k = WX^{k+1} = W^k X^0 \qquad (2\text{-}9)$$

其中，X^k 和 X^{k+1} 分别为第 k 次和第 $k-1$ 次迭代中的信息向量；W 是迭代矩阵。

定义迭代矩阵 W 的元素 $w_{i,j}$ 为

$$w_{i,j} = \begin{cases} \dfrac{2}{n_i + n_j + \varepsilon} & i \text{ 与 } j \text{ 连接} \\ 1 - \displaystyle\sum_{j \in N_i} \dfrac{2}{n_i + n_j + \varepsilon} & i = j \\ 0 & \text{其他} \end{cases} \qquad (2\text{-}10)$$

式中，N_i 为智能体 i 的相邻智能体集；n_i 和 n_j 分别为与第 i 个智能体和第 j 个智能体关联的相邻智能体数；ε 是用于调整分布式一致性算法动态性能的一个小数。

关于分布式一致性算法，有如下定理。

定理 2.4　如果 $W \in \mathbf{R}^{N \times N}$ 是一个对称的非负矩阵，且在 1 处有一个特征值，而所有其他特征值都在以原点为圆心的单位圆内，那么

$$\lim_{z \to 1}(1 - z^{-1})(z\mathbf{I} - W)^{-1} = m\mathbf{Q}_1 \qquad (2\text{-}11)$$

式中，$\mathbf{I}$ 是一个 N 阶单位矩阵；$\mathbf{Q}_1$ 是一个 N 阶矩阵，其所有元素都等于 1；m 是一个非负值。

证明　基于分布式一致性算法[117]，当 k 接近无穷大时，信息向量 X^k 的值将达到一致，即

$$\lim_{k \to \infty} X^k = m\mathbf{Q}_1 X^0 \qquad (2\text{-}12)$$

式中，X^0 为信息向量初始值。

式(2-9)所示离散时间线性系统的 z 变换如下

$$\begin{aligned} X(z) &= \sum_{k=0}^{\infty} X^k z^{-k} \\ &= \sum_{k=0}^{\infty} W^k X^0 z^{-k} \\ &= z(z\mathbf{I} - W)^{-1} X^0 \end{aligned} \qquad (2\text{-}13)$$

式中，$X(z)$ 为离散时间线性系统 $X(k)$ 的 z 变换。

根据终值定理，有

$$\begin{aligned} \lim_{k \to \infty} X^k &= \lim_{z \to 1}(1 - z^{-1}) X(z) \\ &= \lim_{z \to 1}(1 - z^{-1}) z(z\mathbf{I} - W)^{-1} X^0 \end{aligned}$$

$$= \lim_{z \to 1} (1 - z^{-1}) \times 1 \times (z\boldsymbol{I} - \boldsymbol{W})^{-1} \boldsymbol{X}^0$$

$$= \lim_{z \to 1} (1 - z^{-1}) (z\boldsymbol{I} - \boldsymbol{W})^{-1} \boldsymbol{X}^0 \tag{2-14}$$

比较式(2-12)和式(2-14),有

$$\lim_{z \to 1} (1 - z^{-1}) (z\boldsymbol{I} - \boldsymbol{W})^{-1} \boldsymbol{X}^0 = m\boldsymbol{Q}_1 \boldsymbol{X}^0 \tag{2-15}$$

若初始值 $\boldsymbol{X}^0 \neq 0$,由式(2-15)可得式(2-11),定理 2.4 得证。

2.4　非线性优化问题

优化问题通常表示为如下形式[118]

$$\begin{cases} \min\limits_{x \in R^n} f(\boldsymbol{x}) \\ \text{s.t.} h(\boldsymbol{x}) = 0 \\ g(\boldsymbol{x}) \leqslant 0 \end{cases} \tag{2-16}$$

式中,函数 $f:R^n \rightarrow \boldsymbol{R}$ 称为目标函数,$h(\boldsymbol{x}) = 0$ 为等式约束,$g(\boldsymbol{x}) \leqslant 0$ 为不等式约束,记所有可行解的集合为可行域 $\boldsymbol{X}:=\{x \in R^n \mid h(\boldsymbol{x})=0, g(\boldsymbol{x}) \leqslant 0\}$。若既没有等式约束,也没有不等式约束,即

$$\min_{x \in R^n} f(\boldsymbol{x}) \tag{2-17}$$

则称该问题为无约束优化问题。

对于集合 $\boldsymbol{D} \subseteq R^n$,若对任意 $x_1, x_2 \in \boldsymbol{D}$,有

$$\lambda x_1 + (1 - \lambda) x_2 \in \boldsymbol{D}, \quad \forall \lambda \in (0,1) \tag{2-18}$$

成立,则称其为凸集[119]。

对于函数 $f:\boldsymbol{D} \rightarrow \boldsymbol{R}, \boldsymbol{D}$ 为凸集,如果有

$$\begin{cases} f[\lambda x_1 + (1 - \lambda) x_2] \leqslant \lambda f(x_1) + (1 - \lambda) f(x_2) \\ \forall x_1, x_2 \in \boldsymbol{D}, \forall \lambda \in (0,1) \end{cases} \tag{2-19}$$

则称 $f(\boldsymbol{x})$ 是凸函数。若上述不等式 $x_1 \neq x_2$ 严格成立,则称 $f(\boldsymbol{x})$ 为严格凸函数。

考虑具有如下形式的问题

$$\begin{cases} \min\limits_{x \in R^n} f(\boldsymbol{x}) \\ \text{s.t.} h(\boldsymbol{x}) = 0 \quad i = 1, \cdots, m \\ \boldsymbol{a}_i^{\mathrm{T}} \boldsymbol{x} - b_i = 0 \quad i = 1, \cdots, p \end{cases} \tag{2-20}$$

若目标函数 $f(\boldsymbol{x})$ 为凸函数,不等式约束函数 $g_i(\boldsymbol{x})(i = 1, \cdots, m)$ 为凸函数,并且等式约束函数 $h_i(\boldsymbol{x}) = \boldsymbol{a}_i^{\mathrm{T}} x - b_i$ 为仿射函数,则称问题为凸优化问题。

2.5　本章小结

作为本书工作的理论基础,本章首先介绍了滑模控制的基本原理、图论的基本概念;其次给出了与分布式一致性控制相关的一些定义和定理;最后给出非线性优化问题的一些基本概念和结论。

3 电压源型逆变器串级控制

3.1 引言

电压源型逆变器(Voltage-Source-Based Grid-Supporting Inverters,GSI)在微电网系统中普遍使用。基于下垂控制的电压源型逆变器几乎不能为微电网提供惯性支持[120],在负荷变化时,可能导致微电网的频率急剧变化,影响微电网的稳定性并导致负荷共享竞争。采用双闭环比例积分的经典 GSI 控制,可获得良好的控制效果,但当开关频率较低时,控制系统模型显示出较窄的稳定运行范围[121]。基于滑模控制(Sliding Mode Control,SMC)的电压控制策略[122],具有调节参数少、响应速度快、对扰动不灵敏等优点,在解决微电网低频开关稳定运行存在的问题时有优势,但滞环调制的 SMC 控制方式会造成不需要的可变开关频率[123],在 SMC 控制方法中通过可变磁滞可确保开关频率集中在固定的频率附近[124],但控制器复杂,导致较高的计算成本。

为提高电压源型逆变器接口分布式发电微源的惯性,采用基于虚拟同步发电机(Virtual Synchronous Generator/Machine,VSG)控制[125]方法,可以解决微电网接口控制中的弱惯性问题。VSG 技术旨在模拟传统同步发电机的运行特性[126],实现逆变器的控制,以此提高常规分布式发电控制技术的惯性和阻尼特性,有效地解决微源投切时造成的频率突变问题[55]。

同时,为了实现 GSI 的"即插即用"功能,需要同步单元在 GSI 接入电网之前将其与微电网同步,由于微源的频繁接入与退出,传统锁相环同步方式本身存在非线性等因素影响,与微电网微源的同步接入要求不相适应,需要寻找适合微电网特点的同步方法。

本章针对微电网 GSI 下垂控制弱惯性问题及比例积分控制需要精确系统模型的不足,研究了 GSI 串级控制问题;设计了基于 VSG 的电压外环控制及固定开关频率的内环滑模控制,解决了 GSI 响应速度及频率稳定性问题;推导了 GSI 稳态运行时频率偏差和相位角偏差的关系,设计了 GSI 并联条件,提出了一种无锁相环 GSI 接入微电网软同步控制方法,从而避免锁相环对微电网同步控制的负面影响，实现 GSI 的"即插即用"功能。

3.2 电压源型逆变器建模

带有 LCL 输出滤波器的 GSI 电路原理如图 3-1 所示。图中，R、L 分别为逆变器输出侧的电阻和电感，R_g、L_g 分别是微电网网侧电阻和电感，C 为 LCL 滤波器的滤波电容。d、q 表示 d-q 坐标系中变量下标。

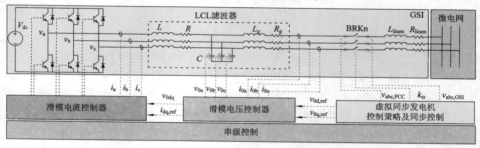

图 3-1 基于 LCL 输出滤波的 GSI 电路原理示意图

根据文献[120]，d-q 坐标系下电感 L 上的电压平衡方程为

$$\begin{cases} L\dfrac{\mathrm{d}i_d}{\mathrm{d}t} = v_d - v_{0d} - Ri_d + \omega Li_q \\ L\dfrac{\mathrm{d}i_q}{\mathrm{d}t} = v_q - v_{0q} - Ri_q - \omega Li_d \end{cases} \tag{3-1}$$

滤波电容器 C 上的电流平衡方程为

$$\begin{cases} C\dfrac{\mathrm{d}v_{0d}}{\mathrm{d}t} = i_d - i_{0d} + \omega Cv_{0q} \\ C\dfrac{\mathrm{d}v_{0q}}{\mathrm{d}t} = i_q - i_{0q} - \omega Cv_{0d} \end{cases} \tag{3-2}$$

3.3 基于滑模控制的电压电流控制器设计

3.3.1 电流环控制器设计

电流控制回路的目标是快速准确地跟踪电压控制回路提供的参考电流，即 $i_{d,ref}$ 和 $i_{q,ref}$。定义 d 轴和 q 轴电流跟踪误差 e_{id} 和 e_{iq} 为

$$\begin{cases} e_{id} = i_{d,ref} - i_d \\ e_{iq} = i_{q,ref} - i_q \end{cases} \tag{3-3}$$

相应的 d 轴和 q 轴滑模变量如下[127]

$$\begin{cases} s_{id} = e_{id} + \lambda_i \int e_{id} \mathrm{d}t \\ s_{iq} = e_{iq} + \lambda_i \int e_{iq} \mathrm{d}t \end{cases} \tag{3-4}$$

其中，$\lambda_i > 0$ 为消除控制偏差的权重因子。

当到达滑模面时

$$\begin{cases} \dfrac{\mathrm{d}s_{id}}{\mathrm{d}t} = \dfrac{\mathrm{d}e_{id}}{\mathrm{d}t} + \lambda_i e_{id} = 0 \\ \dfrac{\mathrm{d}s_{iq}}{\mathrm{d}t} = \dfrac{\mathrm{d}e_{iq}}{\mathrm{d}t} + \lambda_i e_{iq} = 0 \end{cases} \tag{3-5}$$

基于滑模控制的电流环控制器包含两项：等效控制项和滑模控制项。等效控制项改善系统稳态性能，降低基于滑模控制的抖振现象；滑模控制项提高系统暂态性能和鲁棒性。通常，因内部电流控制器比外部电压控制器要快得多，在设计等效控制项时，只考虑稳态变量。设 $\mathrm{d}i_{d,ref}/\mathrm{d}t = 0$，$\mathrm{d}i_{q,ref}/\mathrm{d}t = 0$，根据式(3-1)、式(3-3)、式(3-5)可得等效控制项为

$$\begin{cases} v_{d,eq} = v_{0d} + R i_d - L\omega i_q + L\lambda_i e_{id} \\ v_{q,eq} = v_{0q} + R i_q + L\omega i_d + L\lambda_i e_{iq} \end{cases} \tag{3-6}$$

由于非线性影响，滤波器参数可能偏离额定值。为保证电流环控制器对参数不确定性和其他外部干扰的鲁棒性，在设计滑模控制项时，需要重新考虑 $\mathrm{d}i_{d,ref}/\mathrm{d}t$，$\mathrm{d}i_{q,ref}/\mathrm{d}t$ 的动态特性。基于指数趋近律[128]，滑模控制项具体设计为

$$\begin{cases} v_{d,smc} = L(\eta_i \,\mathrm{sgn}(s_{id}) + k_i s_{id}) \\ v_{q,smc} = L(\eta_i \,\mathrm{sgn}(s_{iq}) + k_i s_{iq}) \end{cases} \tag{3-7}$$

其中，$\lambda_i > 0$、$k_i > 0$ 和 $\eta_i > 0$ 是正常数，且 η_i 的选择满足下式

$$\eta_i > \max\left\{\left|\frac{\mathrm{d}i_{d,ref}}{\mathrm{d}t}\right|\right\} \rightarrow (\eta_i + k_i |s_{id}|) > \max\left\{\left|\frac{\mathrm{d}i_{d,ref}}{\mathrm{d}t}\right|\right\} \tag{3-8}$$

式(3-8)满足的条件是电压外环控制器设计合理，控制律平滑，响应速度比电流内环控制器低。

定理 3.1　对如式(3-1)所示的 GSI 模型，若基于滑模控制的电流内环控制律满足

$$\begin{cases} v_{d,ref} = v_{d,eq} + v_{d,smc} \\ v_{q,ref} = v_{q,eq} + v_{q,smc} \end{cases} \tag{3-9}$$

则总能找到一个外部电压控制环提供的参考指令，使式(3-3)中定义的电流跟踪误差渐近收敛于零。其中，$v_{d,eq}$、$v_{q,eq}$ 的定义如式(3-6)所示，$v_{d,smc}$、$v_{q,smc}$ 的定义如式(3-7)所示。

证明 定义 Lyapunov 函数为

$$\begin{cases} V_d = \dfrac{1}{2} s_{id}^2 \\[2mm] V_q = \dfrac{1}{2} s_{iq}^2 \end{cases} \tag{3-10}$$

根据式(3-1)和式(3-4),可计算 V_d 的一阶导数如下

$$\frac{\mathrm{d} V_d}{\mathrm{d} t} = s_{id} \frac{\mathrm{d} s_{id}}{\mathrm{d} t}$$

$$= -s_{id} \left(\frac{1}{L} v_d - \frac{1}{L} v_{0d} - \frac{R}{L} i_d + \omega i_q \right) + s_{id} \left(\frac{\mathrm{d} i_{d,\mathrm{ref}}}{\mathrm{d} t} + \lambda_i e_{id} \right) \tag{3-11}$$

考虑到 PWM 电路和输出滤波器与逆变器控制输出相比具有较高的动态响应,假定 $v_d = v_{d,\mathrm{ref}}$,即逆变器实际电压输出以足够快的速度跟踪参考电压。将设计的控制输入式(3-9)并代入式(3-11),可得

$$\frac{\mathrm{d} V_d}{\mathrm{d} t} = s_{id} \left\{ \frac{\mathrm{d} i_{d,\mathrm{ref}}}{\mathrm{d} t} - \left(\frac{1}{L} v_d - \frac{1}{L} v_{0d} - \frac{R}{L} i_d + \omega i_q \right) + \lambda_i e_{id} \right\}$$

$$= s_{id} \left\{ \frac{\mathrm{d} i_{d,\mathrm{ref}}}{\mathrm{d} t} - \left(\frac{1}{L} v_{d,\mathrm{ref}} - \frac{1}{L} v_{0d} - \frac{R}{L} i_d + \omega i_q \right) + \lambda_i e_{id} \right\}$$

$$= s_{id} \left\{ \frac{\mathrm{d} i_{d,\mathrm{ref}}}{\mathrm{d} t} + \lambda_i e_{id} - \left(-\frac{1}{L} v_{0d} - \frac{R}{L} i_d + \omega i_q \right) \right\} -$$

$$\quad s_{id} \left(\frac{1}{L} (v_{0d} + R i_d - L \omega i_q + L \lambda_i e_{id}) \right) -$$

$$\quad s_{id} \left(\frac{1}{L} \cdot L (\eta_i \mathrm{sgn}(s_{id}) + k_i s_{id}) \right)$$

$$= s_{id} \left\{ \frac{\mathrm{d} i_{d,\mathrm{ref}}}{\mathrm{d} t} - \left(\frac{1}{L} \cdot L (\eta_i \mathrm{sgn}(s_{id}) + k_i s_{id}) \right) \right\}$$

$$= s_{id} \left\{ \frac{\mathrm{d} i_{d,\mathrm{ref}}}{\mathrm{d} t} - (\eta_i \mathrm{sgn}(s_{id}) + k_i s_{id}) \right\}$$

$$= s_{id} \frac{\mathrm{d} i_{d,\mathrm{ref}}}{\mathrm{d} t} - \eta_i |s_{id}| - k_i s_{id}^2 \tag{3-12}$$

由约束式(3-8)可知

$$\frac{\mathrm{d} V_d}{\mathrm{d} t} = s_{id} \frac{\mathrm{d} i_{d,\mathrm{ref}}}{\mathrm{d} t} - \eta_i |s_{id}| - k_i s_{id}^2 < 0 \tag{3-13}$$

V_q 证明过程同 V_d。定理证毕。

从式(3-7)中可以看到,定义的控制作用 $v_{d,\mathrm{smc}}$,$v_{q,\mathrm{smc}}$ 包含不连续的 $L\eta\mathrm{sgn}(s_{id})$

单元,这可能导致 GSI 出现颤振。为避免颤振,一般采用边界层技术[129]。因此,用一个修正的双曲正切函数代替式(3-7)中的符号函数,即

$$\begin{cases} v_{d,smc} = L\left(\eta_i \tanh(\varepsilon_i s_{id}) + k_i s_{id}\right) \\ v_{q,smc} = L\left(\eta_i \tanh(\varepsilon_i s_{iq}) + k_i s_{iq}\right) \end{cases} \tag{3-14}$$

设计的电流内环控制器原理如图 3-2 所示。

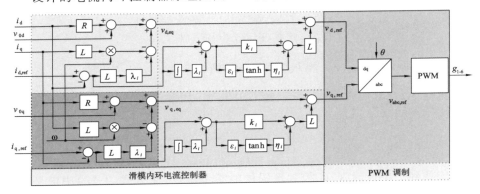

图 3-2　电流环控制器原理示意图

3.3.2　电压环控制器设计

为了使 GSI 跟踪外部 VSG 控制环(即 $v_{0d,ref}$ 和 $v_{0q,ref}$)产生的参考电压,设计了一种基于 SMC 的电压环控制器。

定义电压环跟踪误差 e_{vd} 和 e_{vq} 为

$$\begin{cases} e_{vd} = v_{0d,ref} - v_{0d} \\ e_{vq} = v_{0q,ref} - v_{0q} \end{cases} \tag{3-15}$$

定义滑模变量为

$$\begin{cases} s_{vd} = e_{vd} + \lambda_v \displaystyle\int e_{vd}\,\mathrm{d}t \\ s_{vq} = e_{vq} + \lambda_v \displaystyle\int e_{vq}\,\mathrm{d}t \end{cases} \tag{3-16}$$

其中,λ_v 为消除控制偏差的权重因子,且 $\lambda_v > 0$。

当达到滑模面时

$$\begin{cases} \dfrac{\mathrm{d}s_{vd}}{\mathrm{d}t} = \dfrac{\mathrm{d}e_{vd}}{\mathrm{d}t} + \lambda_v e_{vd} = 0 \\[2mm] \dfrac{\mathrm{d}s_{vq}}{\mathrm{d}t} = \dfrac{\mathrm{d}e_{vq}}{\mathrm{d}t} + \lambda_v e_{vq} = 0 \end{cases} \tag{3-17}$$

根据式(3-2)、式(3-15)和式(3-17)可以得出等效电压环控制作用为

$$\begin{cases} i_{\mathrm{d,eq}} = C\lambda_v e_{vd} + i_{0d} - C\omega v_{0q} \\ i_{\mathrm{q,eq}} = C\lambda_v e_{vq} + i_{0q} + C\omega v_{0d} \end{cases} \tag{3-18}$$

为了保证电压环控制器对参数不确定性和其他外部干扰的鲁棒性,增加了另一个控制作用项,具体设计为

$$\begin{cases} i_{\mathrm{d,smc}} = C(\eta_v \mathrm{sgn}(s_{vd}) + k_v s_{vd}) \\ i_{\mathrm{q,smc}} = C(\eta_v \mathrm{sgn}(s_{vq}) + k_v s_{vq}) \end{cases} \tag{3-19}$$

其中,$\eta_v > \max\left\{\left|\dfrac{\mathrm{d}v_{0d,\mathrm{ref}}}{\mathrm{d}t}\right|\right\}$ 和 $k_v > 0$ 是正常数。

定理 3.2 对如式(3-2)所示的 GSI 模型,如基于滑模控制的电压控制律满足

$$\begin{cases} i_{\mathrm{d,ref}} = i_{\mathrm{d,eq}} + i_{\mathrm{d,smc}} \\ i_{\mathrm{q,ref}} = i_{\mathrm{q,eq}} + i_{\mathrm{q,smc}} \end{cases} \tag{3-20}$$

则总能找到一个外部 VSG 控制环提供的参考指令,使得式(3-15)中定义的电压跟踪误差可以渐近收敛于零。其中,$i_{\mathrm{d,eq}}$、$i_{\mathrm{q,eq}}$ 的定义如式(3-18)所示,$i_{\mathrm{d,smc}}$、$i_{\mathrm{q,smc}}$ 的定义如式(3-19)所示。

定理 3.2 的证明与定理 3.1 证明类似。

为保证控制律平滑,电压环控制器提供的参考电流应设计为连续的,因此,将式(3-19)中的函数 $\mathrm{sgn}(s_{vd})$ 和 $\mathrm{sgn}(s_{vq})$ 替换为修正后的双曲正切函数,即

$$\begin{cases} i_{\mathrm{d,smc}} = C(\eta_v \tanh(\varepsilon_v s_{vd}) + k_v s_{vd}) \\ i_{\mathrm{q,smc}} = C(\eta_v \tanh(\varepsilon_v s_{vq}) + k_v s_{vq}) \end{cases} \tag{3-21}$$

设计的电压环控制器原理如图 3-3 所示。

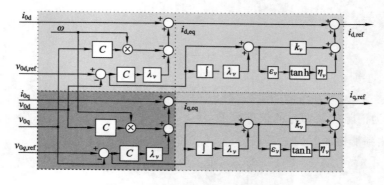

图 3-3　电压环控制器原理示意图

3.4 虚拟同步发电机控制策略

虚拟同步发电机（VSG）是从传统同步发电机外特性出发，对逆变器实现控制，达到改善常规分布式发电微源控制系统的惯性和阻尼特性，解决微源投入或退出造成系统频率突变问题的目的。运动方程类似于同步发电机（SG）转子的动力学方程，以模拟 SG 的频率和相位动力学特征。通常，VSG 的运动方程[130]为

$$P_{in} - P - D(\omega - \omega_0 - \Delta\omega) = J\omega_0 s(\omega - \omega_0) \qquad (3-22)$$

式中　P_{in}——VSG 的输入参考有功功率（等效于同步发电机原动机的机械功率 P_m），kW；

　　　P——GSI 的输出有功功率（等效于同步发电机电磁功率 P_e），kW；

　　　J——转动惯量，kg·m²；

　　　D——阻尼系数，N·m·s/rad；

　　　ω 和 ω_0——GSI 输出电压的实际角频率和额定角频率，rad/s；

　　　s——复变量；

　　　$\Delta\omega$——同步控制器生成的同步频率修正项，rad/s。

为模拟 SG 的下垂特性，参考有功功率 P_{in} 表示如下

$$P_{in} = P_{ref} - m_\omega(\omega - \omega_0 - \Delta\omega) \qquad (3-23)$$

式中　P_{ref}——微电网参考有功功率，kW；

　　　m_ω——频率调节器比例系数。

根据式（3-22）和式（3-23），可导出 GSI 有功功率和角频率之间的动态行为为

$$J\omega_0 s(\omega - \omega_0) = P_{ref} - m_\omega(\omega - \omega_0 - \Delta\omega) - P - D(\omega - \omega_0 - \Delta\omega)$$

$$(3-24)$$

通过式（3-24）可直接求解频率，降低了传统模型求解频率计算的复杂度。

角度 θ 和频率 ω 之间的关系为

$$\theta = \omega \cdot \frac{1}{s} + \Delta\theta \qquad (3-25)$$

式中　$\Delta\theta$——同步控制器产生的相位角同步修正项，rad。

GSI 无功功率和电压振幅之间的动态特性为

$$V = V_0 - m_q(Q - Q_{ref}) + \Delta V \qquad (3-26)$$

式中　V——GSI 输出电压振幅的参考值，V；

　　　V_0——GSI 的额定电压振幅，V；

m_q——电压调节器的比例系数；

ΔV——同步控制器产生的同步电压修正项，V。

本书提出的 VSG 方法，分别增加了 $\Delta\omega$、$\Delta\theta$、ΔV 等同步频率修正项、同步相角修正项和同步电压修正项，这些同步修正项可以不需要 PLL 就能满足 GSI "即插即用"的要求。

GSI 三相电压输出参考值为

$$
\begin{cases}
v_{0a,\text{ref}} = V\sin(\theta) \\
v_{0b,\text{ref}} = V\sin(\theta - 2\pi/3) \\
v_{0c,\text{ref}} = V\sin(\theta + 2\pi/3)
\end{cases}
\tag{3-27}
$$

设计的虚拟同步发电机控制策略原理如图 3-4 所示。从图中可知，通过调整 J、D 参数便可改变 GSI 的惯性和阻尼特性，达到改变 GSI 特性的目的。

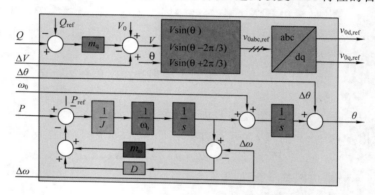

图 3-4　虚拟同步发电机控制策略原理示意图

3.5　无锁相环系统软同步控制策略

同传统电网并网一样，GSI 接入交流母线微电网，需要满足四个同步条件：

（1）GSI 和微电网相序应相同；

（2）GSI 和微电网公共耦合点（PCC）电压幅值应相同；

（3）GSI 和微电网电压相位角应相同；

（4）GSI 和微电网频率应相同。

在 GSI 接入微电网过程中，实现同步常用的方式是采用锁相环（Phase-Locked Loop，PLL）技术，但 PLL 存在如下问题：

（1）PLL 存在非线性部分，设计相对较复杂；

（2）PLL系统中鉴相器设计的目的是尽可能得到准确的相位误差信息，可使用线电压的过零检测实现，但是在电压畸变情况下，相位信息可能受到影响，因此需要额外的信息处理，同时要检测出相位信息，至少需要一个周波时间，动态响应性能可能受到影响；

（3）不管是应用P/Q理论还是使用d-q变换，两种方法都使用了近似处理，因而会带来误差。

鉴于以上原因，借鉴参考文献[116]的思路，本部分设计了无PLL软同步控制策略，满足GSI接入交流微电网的同步要求，提出的同步控制策略如图3-5所示。

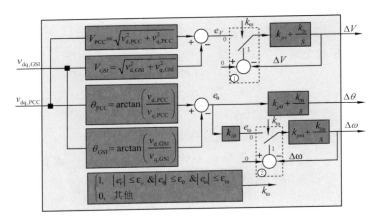

图3-5 同步控制策略原理示意图

按式（3-28）与式（3-29）计算GSI和PCC的电压振幅与相角。

$$V_{PCC} = \sqrt{v_{d,PCC}^2 + v_{q,PCC}^2}$$
$$V_{GSI} = \sqrt{v_{d,GSI}^2 + v_{q,GSI}^2} \tag{3-28}$$

$$\theta_{PCC} = \arctan\left(\frac{v_{d,PCC}}{v_{q,PCC}}\right)$$
$$\theta_{GSI} = \arctan\left(\frac{v_{d,GSI}}{v_{q,GSI}}\right) \tag{3-29}$$

首先，使GSI初始相序与微电网相序一致，这一点可以很容易地满足相序一致的要求。

其次，为消除GSI和PCC之间的电压幅度偏差，通过PI控制器产生电压幅度同步修正项为

$$\Delta V = \left(k_{pv} + \frac{k_{iv}}{s} \right) e_V \tag{3-30}$$

式中　$e_V = V_{PCC} - V_{GSI}$，V；

　　　k_{pv}、k_{iv}——PI 控制器参数。

第三，为消除 GSI 和 PCC 之间的相位角偏差，通过 PI 控制器产生相位角同步修正项为

$$\Delta \theta = \left(k_{p\theta} + \frac{k_{i\theta}}{s} \right) e_\theta \tag{3-31}$$

式中　$e_\theta = \theta_{PCC} - \theta_{GSI}$，rad；

　　　$k_{p\theta}$、$k_{i\theta}$——PI 控制器参数。

最后，频率同步控制策略设计如下：

PCC 的电压相角通过下式计算

$$\theta_{PCC} = \omega_{PCC} \cdot \frac{1}{s} + \theta_{0,PCC} \tag{3-32}$$

式中　ω_{PCC}——微电网频率，Hz；

　　　$\theta_{0,PCC}$——PCC 的初始电压相位角，rad。

将微电网和 GSI 之间的频率偏差定义为 $e_\omega = \omega_{PCC} - \omega$，根据式（3-25）、式（3-30）和式（3-32），相角偏差 e_θ 可由下式计算

$$
\begin{aligned}
e_\theta &= \theta_{PCC} - \theta \\
&= \left(\omega_{PCC} \cdot \frac{1}{s} + \theta_{0,PCC} \right) - \left(\omega \cdot \frac{1}{s} + \Delta\theta \right) \\
&= \omega_{PCC} \cdot \frac{1}{s} + \theta_{0,PCC} - \omega \cdot \frac{1}{s} - \Delta\theta \\
&= (\omega_{PCC} - \omega) \cdot \frac{1}{s} + \theta_{0,PCC} - \left(k_{p\theta} + \frac{k_{i\theta}}{s} \right) e_\theta \\
&= e_\omega \cdot \frac{1}{s} + \theta_{0,PCC} - \left(k_{p\theta} + \frac{k_{i\theta}}{s} \right) e_\theta \\
\Rightarrow e_\theta &= \frac{e_\omega}{(k_{p\theta}+1)s + k_{i\theta}} + \frac{s}{(k_{p\theta}+1)s + k_{i\theta}} \cdot \theta_{0,PCC}
\end{aligned}
\tag{3-33}
$$

根据式（3-33），可推导出系统稳态时相角偏差为

$$
\begin{aligned}
\lim_{t \to \infty} e_\theta(t) &= \lim_{s \to 0} \left(\frac{e_\omega}{(k_{p\theta}+1)s + k_{i\theta}} + \frac{s}{(k_{p\theta}+1)s + k_{i\theta}} \cdot \theta_{0,PCC} \right) \\
&= \frac{1}{k_{i\theta}} \cdot e_\omega
\end{aligned}
\tag{3-34}
$$

即

$$e_\omega = k_{i\theta} e_\theta (\infty) \tag{3-35}$$

如果相位角偏差稳定,可以通过式(3-35)估计频率偏差。在不需要 PLL 的情况下,通过 PI 控制策略可以产生频率同步修正项 $\Delta\omega$ 以消除频率偏差,即

$$\Delta\omega = \left(k_{p\omega} + \frac{k_{i\omega}}{s} \right) \cdot e_\omega \tag{3-36}$$

在实际应用中,为正确利用式(3-35)估计频率同步偏差 e_ω,要求相位角偏差 e_θ 比频率偏差 e_ω 收敛更快,因此,用于频率同步控制的 PI 控制器应采用较低的采样频率,即频率同步 PI 控制器控制间隔应大于相位角同步 PI 控制器的控制间隔。

通过上述分析,可以设计同步接入方案为

$$k_\omega = \begin{cases} 1, (|e_V| \leqslant \varepsilon_v) \ \& \ (|e_\theta| \leqslant \varepsilon_\theta) \ \& \ (|e_\omega| \leqslant \varepsilon_\omega) \\ 0, 其他 \end{cases} \tag{3-37}$$

式中　ε_v——允许的电压偏差,V;

　　　ε_θ——允许的相角偏差,rad;

　　　ε_ω——允许的频率偏差,rad/s。

本书提出的 VSG 同步方法,增加了 $\Delta\omega$、Δq、ΔV 同步项,这些同步项通过同步控制单元产生,有助于满足 GSI"即插即用"功能要求。设计的同步控制策略不需要 PLL 单元,通过三个不同 PI 控制器处理电压幅度偏差、相位角偏差和频率偏差,使接入单元与微电网同步,该方法可以提供更平滑的同步过渡过程,同时避免 PLL 对微电网同步控制的负面影响。

GSI 接入微电网后,为不影响无功功率分配,电压同步项 ΔV 应调节为零,这可通过式(3-37)定义的触发开关信号 k_ω 实现,即利用该开关将相应 PI 控制器的输入端"0"(输入信号为 e_V)切换至输入端"1"(输入信号从 e_V 切换到 $0 \sim \Delta V$),如图 3-5 中虚线框①所示。同样,GSI 接入微电网后,GSI 的频率将与微电网的频率一致,根据式(3-23),主动负荷分配不受 Δq 影响,Δq 的值保持不变,这也可通过式(3-37)定义的触发开关信号 k_ω 保持相应 PI 控制器的输出来实现。此外,根据式(3-24),在将 GSI 接入微电网后,为了与微电网中其他 GSI 正确共享有功功率,频率同步项 $\Delta\omega$ 应调节为零,这也可通过式(3-37)定义的触发开关信号 k_ω 实现,即利用该开关将相应 PI 控制器的输入端"0"(输入信号为 $\Delta\omega$)切换至输入端"1"(输入信号从输入 $\Delta\omega$ 切换到 $0 \sim \Delta\omega$),如图 3-5 中虚线框②所示。

根据前面的设计,带 LCL 滤波器的 GSI 串级控制策略原理如图 3-6 所示。

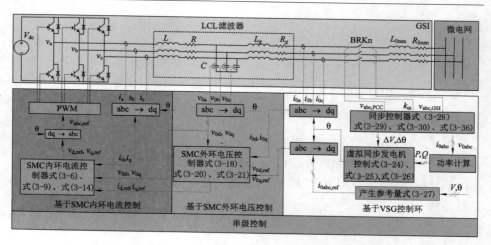

图 3-6   串级控制策略原理示意图

3.6   算例

为评估所提出的控制策略的性能,对设计的 GSI 串级控制策略进行了仿真研究。为利于仿真实验,用交流电源代替微电网,用直流电源代替母线电压,仿真原理如图 3-7 所示。

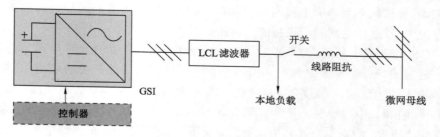

图 3-7   MG 系统仿真原理示意图

GSI 额定功率为 100 kV·A,线路阻抗为 $(0.065\,0+j0.014\,6)\,\Omega/\mathrm{km}$,系统其他主要参数见表 3-1,串级控制器的所有参数见表 3-2。为保证根据式(3-35)对频率偏差 e_ω 的准确估计,将式(3-36)中 PI 控制器采样时间和控制间隔设置为 10 ms,其他控制器采样时间和控制间隔设置为 0.1 ms,以满足式(3-36)中控制器采样时间和其他控制器采样时间的快慢关系[即保证式(3-36)中控制器的采样时间比其他控制器的采样时间慢得多]。

表 3-1 GSI 参数

参数符号	仿真值	实验值	备注
V_{DC}	1 200 V	120 V	直流母线电压
V_{AC}	690 V	70 V	交流额定电压
f	60 Hz	60 Hz	交流额定频率
f_{sam}	10 kHz	10 kHz	采样频率
V_{sw}	5 kHz	5 kHz	开关频率
L	1.600 mH	5.700 mH	逆变器侧滤波器电感值
R	0.012 Ω	0.045 Ω	逆变器侧滤波器电阻值
C	100.000 μF	10.000 μF	滤波电容值
L_g	1.600 mH	5.700 mH	并网侧滤波器电感值
R_g	0.012 Ω	0.045 Ω	并网侧滤波器电阻值

表 3-2 串级控制器参数

控制器类型	参数值
基于滑模控制的电流控制器	$\lambda_i = 5\,000, \eta_i = 5\,000, k_i = 1\,000, \varepsilon_i = 0.001$
基于滑模控制的电压控制器	$\lambda_v = 1\,000, \eta_v = 300, k_v = 1\,000, \varepsilon_v = 0.001$
同步控制器	$k_{pv} = 0, k_{iv} = 100, k_{p\theta} = 0, k_{i\theta} = 100, k_{pw} = 0$
	$k_{iw} = 10, \varepsilon_v = 0.1, \varepsilon_\theta = 0.03, \varepsilon_\omega = 0.03$
基于虚拟同步发电机控制器	$D = 40, J = 0.4, m_\omega = 19\,100, m_q = 5e^{-4}$

根据额定功率设计 VSG 外部控制回路的控制参数,参数选择的原则及依据为:若额定有功功率增加 100%,导致的最大允许频率降在 0.5 Hz 以内;若额定无功功率增加 100%,导致的最大允许电压降在 20 V 以内。

同步控制器电压和相角偏差对系统影响很大,不合适的允许偏差设置可能引起较大的涌流。为减小可能的涌流出现,在仿真过程中,选择合适的值作为同步控制器电压和相角的允许偏差。

为比较所提出的控制策略与传统控制策略的综合性能,设计了如下三种不同的控制策略:① 基于虚拟同步发电机控制和滑模控制的电压电流串级控制策略(称为 SMCVSG);② 基于下垂控制和滑模控制的电压和电流串级控制策略(称为 SMCDroop);③ 基于虚拟同步发电机控制和 PI 控制的电压和电流串级控制(称为 PIVSG)。根据文献[131]设计下垂控制器参数,PI 控制器参数在 MATLAB 环境下采用自调谐方法获得。

3.6.1 不同 J 值条件下的频率响应

图 3-8 所示为不同 J 值条件下的频率响应曲线。

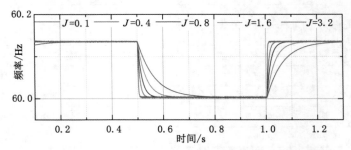

图 3-8　典型不同 J 值条件下,系统频率响应曲线图

从图 3-8 可以看出,对于不同的 J 值,频率变化趋势相同,但变化的速度差异较大。J 值从 0.1 变化到 3.2 的过程中,随着 J 值的增加,频率瞬态响应速度受到的抑制依次增强,对所有的 J 值,均未出现超调显现,说明由于 J 项的存在,系统本身惯性大,对频率变化抑制能力较强,从而实现了系统惯性调节。并且,倍增 J 值,响应速度抑制并不成倍增关系,其原因是对于相同的负载变化,由于惯性增加,响应速度变慢,系统控制器调节能力增强造成的,而且可以预测,随着惯性增加,误差越大,控制器调节能力有愈加增强的趋势。因此,通过虚拟同步发电机控制策略,可以改善 GSI 惯性特征。

3.6.2 负荷变化条件下,控制策略的频率和电压幅值响应

在负荷变化条件下,采用设计的控制策略,频率和电压幅值响应变化曲线如图 3-9 所示。

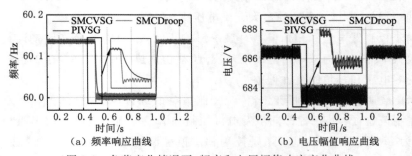

（a）频率响应曲线　　　　　　　　（b）电压幅值响应曲线

图 3-9　负荷变化情况下,频率和电压幅值响应变化曲线

初始负荷稳定后,由于初始负荷小于设定额定负荷,输出频率高于设定频率,$t=0.5$ s 时,负荷增加,输出频率降低,随后在 $t=1$ s 时,负荷恢复初始状态。

从图 3-9（a）所示的频率响应曲线可以看出，由于只有三种控制策略均能在负载变化条件下保持频率稳定，SMCDroop 控制策略响应速度快于 SMCVSG 控制策略和 PIVSG 控制策略，微电网频率变化剧烈且稳态时有波动，但 PIVSG 和 SMCVSG 控制策略特性表现几乎一致，且过渡平滑。由于基于虚拟同步发电机的控制策略在 GSIs 外环功率控制中增加了系统的惯性，使得 GSI 的 PIVSG 控制和 SMCVSG 控制在负载变化情况下维持微电网频率的稳定，波动较 SMCDroop 控制明显得到抑制。但由于惯性增加，导致含有虚拟同步发电机控制的频率响应速度变慢，这与理论设计一致。图 3-9（b）所示为三种控制策略的电压输出曲线，从图中可以看出，三种控制策略下的电压输出曲线差别不大，说明在负载扰动情况下，三种控制策略稳定电压的能力相似，这是因为三种控制采用相似的电压控制策略的缘故，不同的是系统响应速度。

仿真过程中还发现，在相同负载变化条件下，惯性越大，引起的微电网频率变化越小。总之，通过虚拟同步发电机控制，可改善负载变化条件下的动态性能。

3.6.3 同步控制策略性能研究

图 3-10 显示了 GSI 接入微电网过程中，设计的无 PLL 软同步控制策略同步过程。

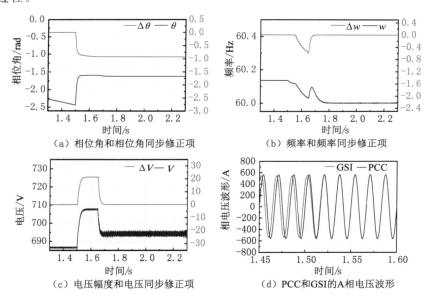

（a）相位角和相位角同步修正项

（b）频率和频率同步修正项

（c）电压幅度和电压同步修正项

（d）PCC和GSI的A相电压波形

图 3-10 同步控制过程同步修正项的变化曲线及 A 相电压曲线

$t=1.5$ s 时,同步控制器工作,GSI 准备接入微电网;$t=1.5\sim1.65$ s 时,GSI 的电压、频率和相位角根据同步控制策略进行调整;$t=1.65$ s 时,GSI 电压、频率和相位角调整到与 PCC 同步要求的条件,同步条件满足,GSI 接入微电网。

同步控制器在 1.5 s 开始工作后,系统检测的相位角不一致,相位角修正项在设定的控制策略下,给出相位角调整量,GSI 与 PCC 相位角差异迅速得到补偿,由 -2.45 rad 调整为 -1.55 rad 左右,相位角同步修正项也由同步前 0 rad 调整到最后的补偿量 0.9 rad 左右,如图 3-10(a)所示,此时相位角满足同步要求,相位角及相位角调整量保持不变,GSI 接入微电网后,$\Delta\theta$ 保持不变;图 3-10(b)显示,GSI 和 PCC 频率不满足同步条件,频率同步项在设定的控制策略下,给出频率调整量,GSI 和 PCC 频率差异得到补偿,GSI 接入微电网后,频率同步项 $\Delta\omega$ 调节为零,实现与微电网中其他 GSIs 正确共享有功功率;同样,电压同步项在设定的控制策略下,给出电压调整量,GSI 和 PCC 电压差异得到补偿,GSI 接入微电网后,电压同步项 $\Delta\omega$ 调节为零,实现无功功率分配不受影响,如图 3-10(c)所示;同步过程中 PCC 和 GSI 的 A 相电压波形如图 3-10(d)所示,从 1.65 s 的同步过程开始,GSI 电压、频率和相位角经过调整,到与 PCC 电压、频率和相位角同步,同步条件满足,GSI 接入微电网,经历 0.15 s 完成同步过程,仿真结果与理论设计一致。

以上结果是在 PCC 和 GSI 同步过程中初始相位角偏差较小情况下的仿真情况。不同的初始相位角偏差及同步控制器中的比例系数对系统同步过程的瞬态性能都有影响,图 3-11 分别给出了不同初始相位角偏差和控制器参数对同步过程的影响曲线。

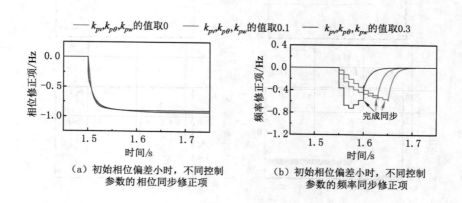

图 3-11　初始相位角及控制器参数对同步控制过程性能影响

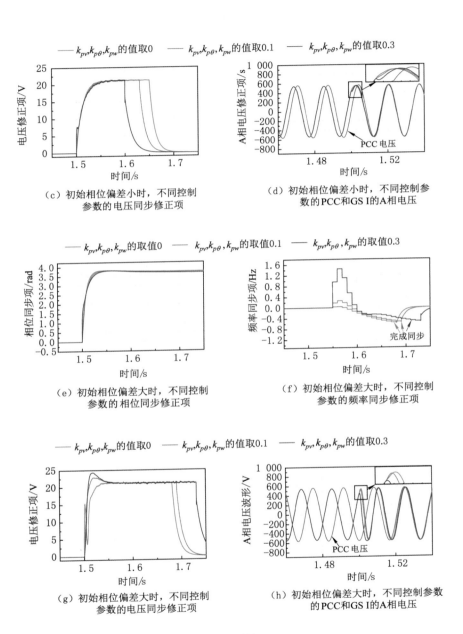

（c）初始相位偏差小时，不同控制
参数的电压同步修正项

（d）初始相位偏差小时，不同控制参
数的PCC和GS I的A相电压

（e）初始相位偏差大时，不同控制
参数的相位同步修正项

（f）初始相位偏差大时，不同控制
参数的频率同步修正项

（g）初始相位偏差大时，不同控制
参数的电压同步修正项

（h）初始相位偏差大时，不同控制参数
的PCC和GS I的A相电压

图 3-11（续）

从图 3-11(a)、图 3-11(e)可以看出,初始相位差不同,相位修正项、频率修正项、电压修正项相差很大,这是因为同步过程开始后,系统为满足系统相位同步条件,根据初相位差异大小,在设计的控制策略下自动调整,虽然初始相位对相位修正项有影响,但修正项调整时间几乎相同,说明在设计的控制策略及控制参数下,相位修正项的响应速度不受影响。从图中还可以看出,相位修正项根据初始相位不同,修正数值可以为正也可以为负,说明在设定的控制策略及参数下,相位修正项是有界的,并且修正方向是双向的。同时,控制器在不同参数条件下,对动态性能无影响,对稳态误差有影响,一方面说明相位修正项控制器中的比例对动态响应时间影响有限,另一方面,对相位修正项而言,积分项起到主导作用,但比例项影响稳态误差。

从图 3-11(b)、图 3-11(f)可以看出,初始相位偏差不同,对频率修正项的影响较大,初始相位偏差越大,对需要调整的频率修正项改变量就越大;相同控制参数情况下,初始相位偏差越大,频率修正项超调也越大,并且,在不同控制参数时,对频率修正项的动态响应影响比较大,这是因为初始相位影响相位修正项,而相位修正项影响频率修正项,这从式(3-33)很容易理解。因此在设计频率修正项时,应考虑如下因素:① 频率修正项设计应考虑初始相位差的上界;② 不同控制器参数对系统动态影响较大,需要优化控制器参数或采用现代控制方法设计修正项;③ 在设计同步控制器的控制策略时,可以区分不同同步要求进行控制器的设计,如对于一些系统只对同步条件要求苛刻,对同步时间要求宽松。但另外一些场合,可能同步时间是要首要考虑的,也有可能两者都需要兼顾等。

图 3-11(c)、图 3-11(g)显示,不同初始相位差影响电压修正项调节过程,在初始相位差较小时,不同控制器参数的电压修正项响应曲线几乎重合,说明在此情况下的控制器增益参数几乎不影响电压修正项的调节过程,影响的只是到达同步后归零过程的瞬态过程,并且控制器比例增益越大,同步后的电压修正项归零时间越短,这是因为控制器比例增益越大对电压修正项调节能力越强;但当初始相位差比较大时,出现超调的趋势,可以预见,过大的比例增益值会引起大的相位调整项调整过程中的调整时间,甚至引起系统不稳定;初始相位差较大的上升时间总体小于初始相位差小的上升时间,并且在初始相位差大、比例增益为零的情况下,电压修正项出现急剧跌落现象,这应该是在初始相位差太大时,控制器在调整电压修正项的过程中改变调整方向的原因造成的;但无论初始相位差相差是大还是小,同步项归零的瞬态过程趋势在不同控制器的比例增益情况下均相似,但电压同步项归零开始后,不同控制器比例增益在初始相位差大和小情况下,归零的开始时刻顺序正好相反,这说明在不同初始相位差的情况下,随着初始相位差的改变,不同控制器增益参数归零开始时刻有一个重叠时刻,这一时

刻应该发生在初始相位差为 90°的情况,在初始相位差为 (0°～90°) 和 (90°～180°) 两个区域,不同电压修正项控制器参数的电压修正项归零曲线顺序相反。

综上所述,初始相位差及控制器参数对电压修正项有显著影响,因此,在进行同步控制器设计时要特别注意初始相位的检测,否则会影响同步过程的电压特性;同时,在设计电压修正项控制器时,需要选择合适的控制器参数。

图 3-11(d)、图 3-11(h)显示的 A 相电压也表明,不同初始相位差、不同控制器参数对 A 相电压同步也会产生影响,但从调整到同步所用时间相同。

综上所述,当初始相位角差异较小时,控制器比例增益越大,同步过程的同步速度响应越快,但当初始相位角差异比较大时,随着控制器比例增益增大,频率同步修正项和电压同步修正项超调增加,这将导致微电网电压和频率偏移,威胁系统安全。在实际中,由于 PCC 电压和同步过程的开始时间是随机的,初始相位差也是随机的,严密分析及控制需采用随机过程数学手段。本书中,对同步过程速度要求比较宽松,苛刻的是同步条件,因此,为了在具有不同初始相位偏差的所有可能条件下获得保守性能,在仿真中,将比例增益 k_{pv}、$k_{p\theta}$ 和 k_{pu} 设置为零。

3.6.4 "即插即用"性能研究

图 3-12 显示了 GSI 接入微电网和断开微电网以及负荷变化时的性能曲线。

如图 3-12(a)所示,有功和无功功率在 $t=1.65$ s 时显示 GSI 无超调接入微电网,输出功率 50 kW,同时,由释放无功功率变为吸收无功功率,说明在接入前后对系统电压影响较大,需要无功功率补偿,以求电压平衡;$t=2.5$ s 时,有功功率参考指令从 50 kW 增加到 80 kW,$t=3$ s 时减少到 40 kW。如图 3-12(b)所示,输出有功功率在短时间内可以无超调跟踪参考变化,说明设计的惯性控制对系统起到调节作用。由于输电线路的影响,有功和无功功率仍然存在耦合,输出有功功率的变化引起电压变化,进而对无功功率产生影响。图 3-12(c)和图 3-12(e)显示了 GSI 接入微电网时的电压和电流波形($t=1.65$ s,GSI 从断开到接入),图 3-12(d)和图 3-12(f)显示了 GSI 断开微电网时的电压和电流波形($t=4.5$ s,GSI 从接入到断开),从图中可以看出,在整个过渡过程中电压是稳定的,电流随参考功率的变化而发生变化,这与期望是一致的。且从图 3-12(e)、图 3-12(f)还可以看出,GSI 接入时的电流增加过程和 GSI 断开时的电流减少过程不同,在接入时电流有一个缓慢增加过程,减少时速度较快,但两者均未出现超调,说明惯性控制具有较好的调节作用。因此,从仿真图中可以看出,提出的控制策略不但能满足 GSI 的"即插即用"要求,而且能在负载变化条件下,实现平稳运行。

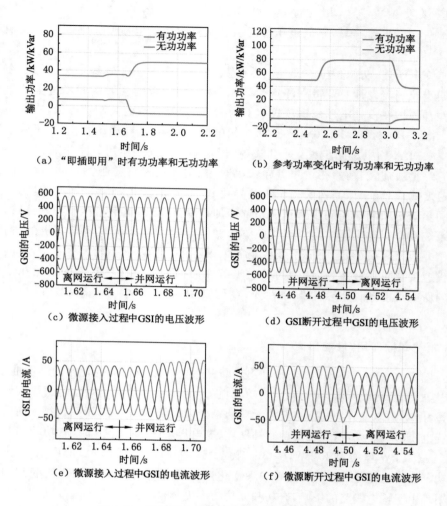

图 3-12　插拔 GSI 和负荷变化情况下的仿真结果

3.7　硬件实验

为进一步验证串级控制策略的可行性和稳定性,搭建了硬件实验,如图 3-13所示。系统由 dSPACE DS1103 控制核心、LabVolt 电源转换器构成的GSI 逆变模块、直流电源、LCL 滤波器、PCC 开关、示波器及上位机等组成。硬件实验参数及根据表 3-2 重新设计的控制参数如表 3-3 所示。

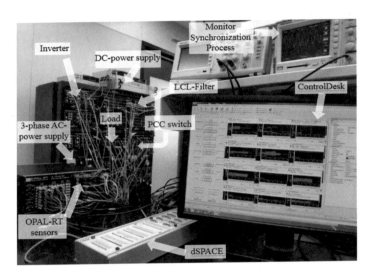

图 3-13　硬件实验电路

表 3-3　串级控制器参数

控制器类型	参数值
基于滑模控制的电流环控制器	$\lambda_i = 324, \eta_i = 53, k_i = 120, \varepsilon_i = 0.01$
基于滑模控制的电压环控制器	$\lambda_v = 28\,000, \eta_v = 2\,000, k_v = 140, \varepsilon_v = 0.01$
同步控制器	$k_{pv} = 0, k_{iv} = 100, k_{p\theta} = 0, k_{i\theta} = 100, k_{p\omega} = 0$
	$k_{i\omega} = 10, \varepsilon_v = 0.1, \varepsilon_\theta = 0.03, \varepsilon_\omega = 0.03$
基于虚拟同步发电机外环控制器	$D = 0.12, J = 0.006, m_\omega = 63.662, m_q = 0.052\,5$

图 3-14 给出了三种不同控制策略下相应负荷变化的实验结果。

图 3-15 显示了负荷变化条件下频率和电压幅值响应曲线。

如图 3-15(a)所示,SMCDroop 控制策略响应速度明显快于其他两种,但无论是瞬态响应还是稳态运行都显示出一些波动。此外,SMCDroop 控制策略在微电网频率急剧变化时,可能会导致不必要的减载。SMCVSG、PIVSG 频率瞬态响应速度几乎没有大的差异,主要是采用 VSG 控制,增加系统惯性致使系统特性相似,三种控制策略电压曲线差异不大,如图 3-15(b)所示。

图 3-16 显示了同步控制过程中同步修正项的变化曲线。

如图 3-16 所示,$t = 8.54$ s 时,同步控制器工作;$t = 8.54 \sim 8.71$ s 时,GSI 的

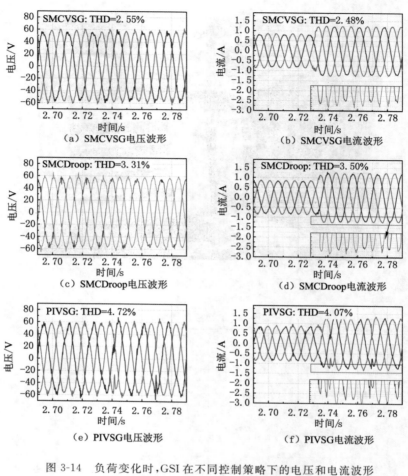

图 3-14　负荷变化时,GSI 在不同控制策略下的电压和电流波形

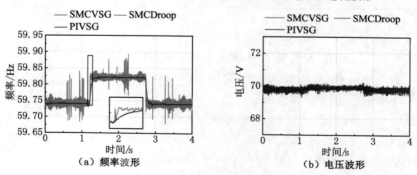

图 3-15　负荷变化时,频率和电压幅值响应曲线

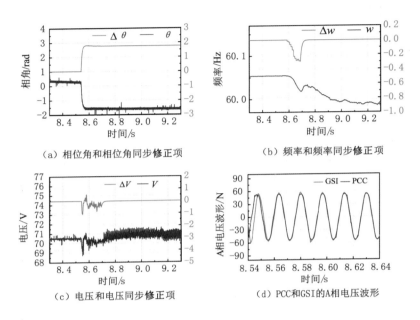

（a）相位角和相位角同步修正项　　　　　（b）频率和频率同步修正项

（c）电压和电压同步修正项　　　　　（d）PCC和GSI的A相电压波形

图 3-16　同步控制过程同步修正项的变化曲线

相位角、频率和电压幅度进行调整；$t=8.71$ s 时，GSI 的相位角、频率和电压幅度调整到与 PCC 同步要求，GSI 满足同步条件，接入微电网。图 3-16（a）、图 3-16（b）和图 3-16（c）与仿真结果类似，GSI 接入电网后，频率同步修正项和电压同步修正项也可以平滑地调整到零，图 3-16（d）显示了同步过程中的 A 相电压。

图 3-17 显示了 GSI 接入前和 GSI 接入期间以及参考变化时的实验结果。

图 3-17（a）中，$t=8.74$ s 时刻，同步器开始，GSI 投入后，有功功率增加，无功功率为负，说明为维持电压稳定，系统需要吸收无功功率；图 3-17（b）中，$t=$ 17.8 s 时刻，系统参考值降低，输出有功根据参考值相应降低，同时不再吸收无功；$t=19.8$ s 时刻参考值恢复，有功和无功输出又恢复参考值变化之前的状态，在这个过程中，电压幅值没有发生变化，如图 3-17（c）、图 3-17（d）所示，但是电流随着参考功率变化发生变化，这与仿真和期望一致，如图 3-17（e）、图 3-17（f）所示。

综上所述，无论是同步控制还是负载变化条件下的系统特性，实验结果与仿真结果吻合，说明所提出的控制策略可确保 GSI 与微电网的接入和断开，满足"即插即用"要求。

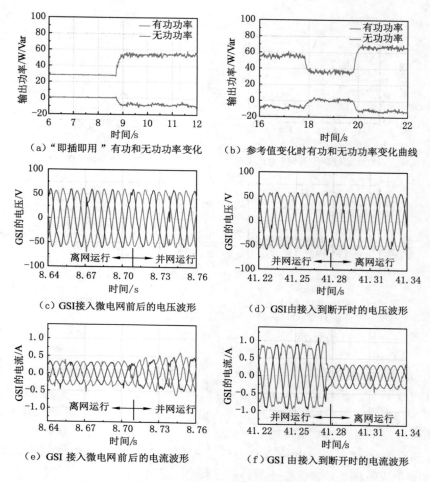

（a）"即插即用"有功和无功功率变化　　（b）参考值变化时有功和无功功率变化曲线

（c）GSI接入微电网前后的电压波形　　　（d）GSI由接入到断开时的电压波形

（e）GSI接入微电网前后的电流波形　　　（f）GSI由接入到断开时的电流波形

图 3-17　模式转换过程以及参考变化时获得的结果

3.8　本章小结

本章提出了一种 GSI 串级控制策略。在此控制策略中，VSG 控制策略用于提高微电网惯性，SMC 的电压电流串级控制，用于改善跟踪主 VSG 控制回路产生电压指令的鲁棒性和瞬态响应，保证了负荷扰动的快速动态补偿。此外，提出了一种简单的电压同步控制方法，在不使用 PLL 的情况下，实现 GSI 接入与微电网的"即插即用"功能。通过仿真分析和实验验证，该控制策略能够保证 GSI 接入前后微电网稳定，实现接入与断开之间的平稳过渡。

4 交流微电网分布式一致性频率协调控制

4.1 引言

    微电网的分层控制中,每个分布式发电微源(Distributed Generation,DG)设备级控制器间通常不需要通信,只需本地测量,实现底层设备控制。在系统级控制中,采用集中或分布式控制策略,将交流微电网的频率恢复到其额定值。在优化级控制中,采用相关优化方法,实现经济调度,达到交流微电网最小化运行成本,分层控制实现了微电网控制及优化。但是,小时间尺度的网级频率恢复控制和大时间尺度的经济优化调度之间存在着差异,造成系统控制的不匹配,降低了系统运行效率;随着可再生能源和可持续能源在微电网中的日益融合,能源的预测误差可能会降低交流微电网的经济效益[131-132]。

    为提高交流微电网的运行效率及经济效益,应重新设计网级控制策略和优化调度控制策略,以减小不同控制水平之间的差异和不匹配度,实现微电网的优化运行。文献[133]提出了一种分层频率控制策略,实现独立微电网多个时间尺度的频率稳定。文献[134]提出了一种随机漂移粒子群优化算法解决微电网经济调度问题。这些方法采用中央控制器接收全局信息,然后将控制命令发送到分布式发电微源,实现微电网的经济调度。但存在诸如对单点故障敏感、可扩展性差等问题[135]。

    为解决上述问题,分布式控制策略在微电网中得到了广泛的应用[136]。文献[137]在不考虑通信和计算负担的情况下,采用一致性算法获得总负荷需求信息,提出了一种分布式动态规划算法,解决智能电网中离散经济调度问题。文献[138]提出了孤岛模式向并网模式无缝切换的分布式二次电压-频率恢复控制算法,实现电压-频率恢复的同时,提高微电网运行的经济性,并减少由于运行时间尺度不一致造成的供需不匹配。

    本部分提出一种分布式事件触发二次控制方法,用于处理下垂控制交流微电网的频率恢复控制与经济调度问题。该控制策略可以同时保证频率恢复控制和经济调度,通过缩小交流微电网之间的时间尺度差异,降低运行成本。此外,针对分布式控制对控制器计算资源要求较高的特点,设计了一种简单的事件触发方案,实现事件触发二次控制,该方案只需要在交流微电网中的状态变化量超过设定的阈值量时,相邻智能体之间才进行通信。设计的事件触发方案不但可以减轻分布式控制的通信负担,而且易于实现。

4.2 交流微电网建模

4.2.1 分布式发电微源下垂控制建模

通常情况下,交流微电网有功功率-频率下垂控制[139]为

$$f_i^k = f_0 + mp_i(p_{\text{refi}}^k - p_i^k) \tag{4-1}$$

式中 f_i^k ——第 k 个时间间隔内第 i 个分布式发电微源的输出参考频率,Hz;

mp_i ——频率下垂系数,Hz/kW;

f_0 ——微电网额定频率,Hz;

p_{refi}^k ——第 k 个时间间隔内第 i 个分布式发电微源的期望有功功率,kW;

p_i^k ——第 k 个时间间隔内第 i 个分布式发电微源本地测量有功功率,kW;

i ——发电微源索引号,且 $i=1,2,\cdots,n$。

4.2.2 经济调度模型

考虑到功率平衡和各 DGs 容量约束,具有下垂控制 DGs 的交流微电网,各 DGs 的经济调度可转化为下式表示的优化问题

$$\begin{cases} \min C_{\text{cost}} = \sum_{i=1}^{n}(C_i \cdot p_i) \\ \text{s.t.} \underline{p}_i \leqslant p_i \leqslant \overline{p}_i \\ \sum_{i=1}^{n} p_{\text{refi}} = p_{\text{Load}} \end{cases} \tag{4-2}$$

式中 i ——分布式发电微源索引号;

$C_i \cdot p_i$ ——第 i 个分布式发电微源发电成本函数;

$\underline{p}_i$ 和 $\overline{p}_i$ ——第 i 个分布式发电微源最小额定功率和最大额定功率,kW。

交流微电网发电成本函数 $C_i \cdot p_i$ 一般可近似为如下二次函数形式[140]

$$C_i \cdot p_i = a_i \cdot p_i^2 + b_i \cdot p_i + c_i \tag{4-3}$$

式中 a_i、b_i、c_i ——第 i 个 DG 发电成本系数。

式(4-2)优化问题的最优解可用下式表示

$$p_{\text{opt}i} = \begin{cases} \dfrac{\lambda_{\text{opt}} - b_i}{2a_i} & \underline{\lambda}_i \leqslant \lambda_{\text{opt}} \leqslant \overline{\lambda}_i \\[2mm] \underline{p}_i & \lambda_{opt} < \underline{\lambda}_i \\[2mm] \overline{p}_i & \lambda_{opt} > \overline{\lambda}_i \end{cases} \tag{4-4}$$

其中,λ_{opt} 为最优微增成本,且可表示为 $\underline{\lambda}_i = 2a_i\,\underline{p}_i + b_i$,$\overline{\lambda}_i = 2a_i\,\overline{p}_i + b_i$。

根据等微增成本准则[141],λ_{opt} 可通过下式计算

$$\lambda_{\text{opt}} = \frac{\displaystyle\sum_{i \notin \varPhi} \frac{b_i}{2 \cdot a_i} + p_{\text{Load}} - \sum_{i \in \varPhi} p_i}{\displaystyle\sum_{i \notin \varPhi} \frac{1}{2 \cdot a_i}} \tag{4-5}$$

式中 $\varPhi$——包含达到其功率下限或上限的 DGs 索引的集合。

4.2.3 分布式二次控制网络模型

与集中控制相比,分布式控制因采用对等控制方式,所有分布式微源地位相等,且相互之间分担计算和通信负担,具有灵活、可扩展等特点。本部分研究交流微电网分布式网络模型,每个与逆变器接口相连的分布式发电微源都配备一个智能体,以完全分布式的方式实现控制和通信任务,网络模型如图 4-1 所示。

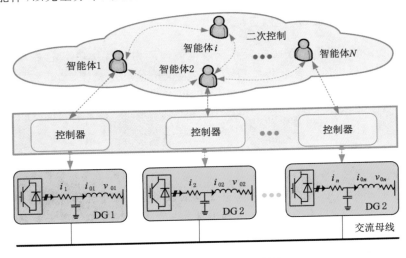

图 4-1 二次控制分布式结构

图 4-1 所示的分布式一致性算法可建模为 2.3 节所述的离散时间线性系统,将 2.3.3 小节所示离散时间线性系统重写如下[81,116]

$$X(k) = X^k = W \cdot X^{k+1} = W^k \cdot X^0 \tag{4-6}$$

式中 X^k 和 X^{k+1}——第 k 次和第 $k-1$ 次迭代中的信息向量；

W——迭代矩阵。

定义迭代矩阵 W 的元素 $w_{i,j}$ 为

$$w_{i,j} \begin{cases} \dfrac{2}{n_i + n_j + \varepsilon} & i \text{ 与 } j \text{ 连接} \\ 1 - \sum\limits_{j \in N_i} \dfrac{2}{n_i + n_j + \varepsilon} & i = j \\ 0 & \text{其他} \end{cases} \tag{4-7}$$

式中 n_i——智能体 i 的相邻智能体集；

n_i 和 n_j——与第 i 个智能体和第 j 个智能体关联的相邻智能体数；

ε——用于调整分布式一致性算法动态性能的一个小数。

根据 Perron-Frobenius 定理,式(4-7)可以很容易计算构造的迭代矩阵 W 的行向量或列向量元素之和为 1,且矩阵特征值的模均小于 1,因此该分布式一致性算法是收敛的。

4.3 分布式一致性二次控制方案设计

4.3.1 分布式一致性二次控制目标

不失一般性,将不可控制的分布式发电微源产生的有功功率定义为负负荷,如光伏发电和风力发电等。传统负荷定义为正负荷。定义正、负负荷之和为净负荷,记为 p_{Load}。根据功率平衡原理,可以得下式

$$p_{\text{Load}} = \sum_{i=1}^{n} p_i^k \tag{4-8}$$

式中 p_i^k——第 i 个发电微源或负荷在第 k 个时间间隔内本地测量的有功功率,kW。

广泛应用于微电网的分层控制一般包括设备层、系统层和优化层。设备层一次控制负责控制 DG 的输出电压和电流,并且通过下垂控制策略来模拟同步发电机的特性,设备层响应速度快,时间范围在 0.1~1 ms 之间。系统层二次控制主要负责微电网系统的稳定,如自动发电控制、二次电压控制、二次负载频率控制等,系统层二次控制比设备层一次控制慢,时间范围在 1 ms 到 1 s 之间。优化层控制负责控制微电网的运行和潮流管理,如经济调度、无功控制和可再生能源最大化利用等,优化层通常处于最慢的控制水平,时间刻度在几秒到几分钟

的范围内。不同控制层级的响应时间相差很大,图 4-2 所示为典型三层控制响应时间尺度示意图。

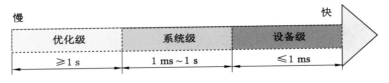

图 4-2 分层控制响应时间尺度示意图

由于一次下垂控制器响应时间比二层和三层控制器快得多,因此,在评估二层和三层控制时,可以忽略一次下垂控制的动态响应。此外,交流微电网的频率是一个全局状态变量[139],因此所有分布式发电微源的频率将由每个分布式发电微源的一次下垂控制同步到稳态值。根据式(4-1)和式(4-8)以及 $\Delta p_i^k = p_i^k - p_{\text{refi}}^k$ 的定义,稳定状态下每个分布式发电微源的有功功率共享形式如下

$$\begin{cases} \Delta p_i^k = \dfrac{mp_{\text{MG}}}{mp_i}p^k \\ \Delta p_1^k : \Delta p_2^k : \cdots : \Delta p_n^k = \dfrac{1}{mp_1} : \dfrac{1}{mp_2} : \cdots : \dfrac{1}{mp_n} \end{cases} \tag{4-9}$$

式中 i ——DG 索引;

mp_{MG} ——微电网等效下垂系数,$\dfrac{1}{mp_{\text{MG}}} = \sum\limits_{i=1}^{n} \dfrac{1}{mp_i}$,$\Delta p^k = \sum\limits_{i=1}^{n} \Delta p_i^k = p_{\text{Load}} - \sum\limits_{i=1}^{n} p_{\text{refi}}^k$。

式(4-9)表示分布式发电微源的功率分配比等于分布式发电微源的频率下垂系数倒数之比。对于传统下垂控制,功率共享式(4-9)和频率调节式(4-1)的精度之间是一对矛盾,需要权衡。为了克服该缺点,通常采用集中或分布式二次控制策略将交流微电网的频率恢复到额定值,采用三次控制策略,即经济调度,最大限度地降低微电网的运行成本。但快速二次控制与慢速三次控制在处理时间上存在一定差异,影响交流微电网的性能和效率。

为缩小或消除频率恢复控制与经济调度之间的差异,本章提出了一种分布式一致性控制策略,用于孤岛型交流微电网的二次控制。主要目标:

(1) 交流微电网频率能快速恢复到额定值,即根据二次控制时提供的参考功率指令,孤岛型交流微电网频率能尽快补偿因功率变化造成的功率波动,恢复至额定值 f_0。

(2) 频率恢复与经济调度同步实现,即二次控制在维持微电网频率快速恢

复时,是在经济调度约束条件下进行的。

4.3.2 分布式一致性二次控制策略

为了同时实现 4.3.1 小节所提出的孤岛型交流微电网二次控制两个目标,本部分设计的分布式二次控制器如图 4-3 所示。图中,λ_i^{k+1} 表示微增成本;$w_{i,j}$ 为式(4-7)定义的迭代矩阵元素;ξ 为学习率,用于调节算法收敛速度。

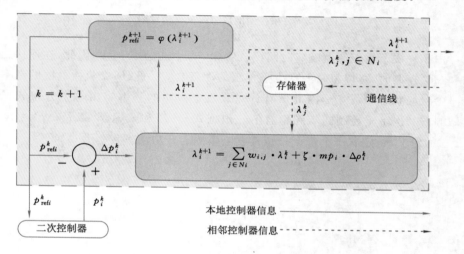

图 4-3 分布式二次控制器原理示意图

所提出的二次控制器只需与其相邻的控制器进行通信即可,如编号为 i 的智能体,在计算微增成本 λ_i^{k+1} 的时候,只需考虑与智能体 i 相邻的智能体发送的信息(即 λ_j^{k+1},$j \in N_i$),同样,智能体 i 的本地信息(即 λ_i^{k+1})也需要发送给相邻的其他智能体。每个分布式发电微源的控制输入更新如下

$$\begin{cases} \Delta p_i^k = p_i^k - p_{\text{refi}}^k & (4\text{-}10a) \\ \lambda_i^{k+1} = \sum_{j \in N_i} w_{i,j} \lambda_j^k + \xi m p_i \Delta p_i^k & (4\text{-}10b) \\ p_{\text{refi}}^{k+1} = \varphi(\lambda_i^{k+1}) & (4\text{-}10c) \end{cases}$$

其中,p_{refi}^k 和 λ_i^k 分别初始化为 p_i^0 和 $2a_i p_i^0 + b_i$,函数 $\varphi(\cdot)$ 定义如下

$$\varphi(\lambda_i^{k+1}) = \begin{cases} \overline{p_i} & \lambda_i^{k+1} > \overline{\lambda_i} \\ \dfrac{\lambda_i^{k+1}}{2a_i} - \dfrac{b_i}{2a_i} & \underline{\lambda_i} \leqslant \lambda_i^{k+1} \leqslant \overline{\lambda_i} \\ \underline{p_i} & \lambda_i^{k+1} \leqslant \underline{\lambda_i} \end{cases} \quad (4\text{-}11)$$

如式(4-10)所示,这种分布式二次控制策略能够实现第 4.3.1 小节提出的两个控制目标。

(1) 交流微电网频率恢复可行性分析

简化式(4-1)、式(4-9)和式(4-10a),可得下式

$$\Delta f_i^k = -m p_{MG}\left(p_{Load} - \sum_{i=1}^n p_{refi}^k\right) \tag{4-12}$$

$$= \boldsymbol{b}^T \boldsymbol{P}_{ref}^k + c$$

其中,$\Delta f_i^k = f_i^k - f_0$,$\boldsymbol{b} = [m p_{MG}, \cdots, m p_{MG}]^T$,$\boldsymbol{p}_{ref}^k = [p_{ref1}^k, \cdots, p_{ref1n}^k]^T$,$c = -m p_{MG} p_{load}$。

式(4-12)可以改写为矩阵和矢量形式为

$$\Delta \boldsymbol{f}^k = \boldsymbol{B} \boldsymbol{P}_{ref}^k + \boldsymbol{C} \tag{4-13}$$

其中 $\Delta \boldsymbol{f}^k = [\Delta f_1^k, \Delta f_2^k, \cdots, \Delta f_n^k]^T$,$\boldsymbol{B} = [\boldsymbol{b}, \cdots, \boldsymbol{b}]^T$,$\boldsymbol{C} = [c, \cdots, c]^T$。

根据式(4-1)和式(4-10b),可得式(4-10b)更新规则的紧凑形式为

$$\boldsymbol{\lambda}^{k+1} = \boldsymbol{W} \cdot \boldsymbol{\lambda}^k - \boldsymbol{\xi} \cdot \Delta \boldsymbol{f}^k \tag{4-14}$$

其中,$\boldsymbol{\lambda}^k = [\lambda_1^k, \lambda_2^k, \cdots, \lambda_n^k]^T$ 为第 k 时间间隔内的微增成本函数矢量。

假定:

① $\boldsymbol{M} = \mathrm{diag}([\beta_1, \beta_2, \cdots, \beta_n])$

其中,$\beta_i = \begin{cases} \dfrac{1}{2a_i} & \underline{\lambda}_i \leqslant \lambda_i^{k+1} \leqslant \overline{\lambda}_i \\ 0 & \overline{\lambda}_i < \lambda_i^{k+1} \text{ 或 } \underline{\lambda}_i > \lambda_i^{k+1} \end{cases}$

② $\boldsymbol{r} = [r_1, r_2, \cdots, r_n]^T$

其中,$r_i = \begin{cases} -\dfrac{b_i}{2a_i} & \underline{\lambda}_i \leqslant \lambda_i^{k+1} \leqslant \overline{\lambda}_i \\ \overline{p}_i & \overline{\lambda}_i < \lambda_i^{k+1} \\ \underline{p}_i & \underline{\lambda}_i > \lambda_i^{k+1} \end{cases}$

与式(4-11)的三个条件相对应。

将式(4-11)代入式(4-10c),可得下式

$$\boldsymbol{P}_{ref}^k = \boldsymbol{M} \boldsymbol{\lambda}^k + \boldsymbol{r} \tag{4-15}$$

将式(4-15)和式(4-13)代入式(4-14),可得

$$\boldsymbol{\lambda}^{k+1} = \boldsymbol{W} \boldsymbol{\lambda}^k - \boldsymbol{\xi}(\boldsymbol{B}(\boldsymbol{M}\boldsymbol{\lambda}^k + \boldsymbol{r}) + \boldsymbol{C})$$

$$= (\boldsymbol{W} - \boldsymbol{\xi} \boldsymbol{B} \boldsymbol{M})\boldsymbol{\lambda}^k - \boldsymbol{\xi}(\boldsymbol{B}\boldsymbol{r} + \boldsymbol{C})$$

$$= \boldsymbol{D} \boldsymbol{\lambda}^k - \boldsymbol{\xi}(\boldsymbol{B}\boldsymbol{r} + \boldsymbol{C}) \tag{4-16}$$

其中，$D = W - \xi BM$，因为设定的矩阵 W 收敛，则对构造的矩阵 B、M 总能找到一个确定的值 ξ，使得该值确定的区域，保证 D 的谱半径满足收敛性条件。

假定 $C(z)$，$\Delta F(z)$，$P_{ref}(z)$，$\lambda(z)$ 和 $R(z)$ 分别为 C，Δf^k，P_{ref}^k，λ^k 和 r 的 z 变换，则式(4-13)、式(4-15)的 z 变换可分别为

$$\Delta F(z) = BP_{ref}(z) + C(z) \tag{4-17}$$

$$P_{ref}(z) = M\lambda(z) + R(z) \tag{4-18}$$

将式(4-18)代入式(4-17)可得

$$\Delta F(z) = BM\lambda(z) + BR(z) + C(z) \tag{4-19}$$

同样，由式(4-1)、式(4-10a)和式(4-10b)可得

$$\lambda(z) = \xi(W - zI)^{-1}\Delta F(z) \tag{4-20}$$

将式(4-20)代入式(4-19)，可得

$$\Delta F(z) = BM\xi(W - zI)^{-1}\Delta F(z) + BR(z) + C(z) \tag{4-21}$$

由式(4-21)可得下式

$$\begin{aligned}
\Delta F(z) &= BM\xi(W - zI)^{-1}\Delta F(z) + BR(z) + C(z) \\
&\to (I - BM\xi(W - zI)^{-1})\Delta F(z) \\
&= BR(z) + C(z) \to \Delta F(z) \\
&= \frac{BR(z) + C(z)}{I - BM\xi(W - zI)^{-1}} \\
&= \frac{(W - zI)(BR(z) + C(z))}{(W - zI) - BM\xi} \\
&= \frac{(zI - W)(BR(z) + C(z))}{zI - (W - BM\xi)}
\end{aligned} \tag{4-22}$$

从式(4-22)可以看出，若要保证 $\Delta F(z)$ 收敛，式(4-22)特征根的谱半径必须满足小于 1 的收敛条件，其收敛条件与式(4-16)定义的 $D = W - \xi BM$ 的谱半径等价，即 $\Delta F(z)$ 的收敛性可以通过 D 的谱半径收敛条件约定。

由于二级控制器每次迭代时间间隔大于一级控制器响应时间。在不丧失一般性的情况下，C 和 r 可视为具有常值的向量，C 和 r 的 z 变换可表示为

$$\begin{cases} C(z) = (1 - z^{-1})^{-1}C \\ R(z) = (1 - z^{-1})^{-1}r \end{cases} \tag{4-23}$$

定义 Δf_i^{ss} 为 Δf_i^k 的稳态形式，且 $\Delta f^{ss} = [\Delta f_1^{ss}, \Delta f_2^{ss}, \cdots, \Delta f_n^{ss}]^T$，$i = 1, \cdots, n$。式(4-19)应用终值定理可得 Δf^{ss} 的稳态值为

$$\begin{aligned}
\Delta f^{ss} &= \lim_{k \to \infty} \Delta f^k = \lim_{z \to 1}(1 - z^{-1})\Delta F(z) \\
&= \lim_{z \to 1}(1 - z^{-1})(BM\lambda(z) + BR(z) + C(z))
\end{aligned} \tag{4-24}$$

将式(4-20)及(4-23)代入式(4-24)，并应用定理 2.4，有

$$\Delta f^{ss} = \lim_{z \to 1}(1 - z^{-1})(BM\xi(W - zI)^{-1}\Delta F(z) +$$
$$B(1 - z^{-1})^{-1}r + (1 - z^{-1})^{-1}C)$$
$$= \lim_{z \to 1}((1 - z^{-1})BM\xi(W - zI)^{-1}\Delta F(z)) + Br + C$$
$$= \lim_{z \to 1}(BM\xi(1 - z^{-1})(W - zI)^{-1}\Delta F(z)) + Br + C$$
$$= \lim_{z \to 1}(-BM\xi mQ_I\Delta F(z)) + Br + C$$
$$= \lim_{z \to 1}\Delta F(z)(-BM\xi mQ_I) + Br + C \tag{4-25}$$

因式(4-25)两边相等,两边同乘以$(1 - z^{-1})$,等式不变,取极限还应该相等。因此,根据终值定理可得

$$\lim_{z \to 1}(-BM\xi mQ_I(1 - z^{-1})\Delta F(z))$$
$$= \lim_{z \to 1}(1 - z^{-1})(\Delta f^{ss} - Br - C)$$
$$\Rightarrow -BM\xi mQ_I\Delta f^{ss} = 0 \tag{4-26}$$
$$\Rightarrow \Delta f^{ss} = 0$$
$$\Rightarrow \lim_{k \to \infty}\Delta f_i^k = 0, \quad i = 1, \cdots, n$$

因此,利用式(4-10)所示的分布式二次控制,可以实现交流微电网频率恢复到其额定值的控制目标。

(2)频率恢复控制与经济调度相结合的能力分析

根据式(4-26),现定义$\Delta p_{\text{refi}}^{ss}$为$\Delta p_{\text{refi}}^k$的稳态形式,且$\Delta p^{ss} = [\Delta p_{\text{ref1}}^{ss}, \Delta p_{\text{ref2}}^{ss}, \cdots, \Delta p_{\text{refn}}^{ss}]^{\mathrm{T}}, i = 1, \cdots, n$。应用终值定理,式(4-17)两边乘以$(1 - z^{-1})$,可得

$$\lim_{z \to 1}(1 - z^{-1})\Delta F(z) = \lim_{z \to 1}(1 - z^{-1})(BP_{\text{ref}}(z) + C(z))$$
$$\Rightarrow 0 = BP_{\text{ref}}^{ss} + C \tag{4-27}$$

考虑到式(4-12)和式(4-13)中B和C的定义,从式(4-27)可得功率平衡方程为

$$p_{\text{Load}} = \sum_{i=1}^{n} p_{\text{refi}}^{ss} \tag{4-28}$$

式(4-28)意味着式(4-2)表示的交流微电网功率平衡可以通过提出的分布式二次控制得到满足。式(4-10c)和式(4-11)提出的方法也满足式(4-2)约束。

考察提出的二次控制是否满足式(4-5),即微增成本收敛到最优解的能力。定义λ_i^k的稳态形式为$\lambda_i^{ss}, i = 1, \cdots, n$。根据终值定理,将$(1 - z^{-1})$乘以方程(4-20)两边得

$$\lim_{z \to 1}(1 - z^{-1})\lambda(z) = \lim_{z \to 1}(1 - z^{-1})\xi(W - zI)^{-1}\Delta F(z)$$
$$\Rightarrow \lambda^{ss} = \lim_{z \to 1}\xi(W - zI)^{-1}\Delta f^{ss}$$

$$\Rightarrow \lim_{z \to 1} (\boldsymbol{W} - z\boldsymbol{I})\boldsymbol{\lambda}^{ss} = \boldsymbol{\xi}\Delta\boldsymbol{f}^{ss}$$

$$\Rightarrow (\boldsymbol{W} - \boldsymbol{I})\boldsymbol{\lambda}^{ss} = 0 \tag{4-29}$$

根据第 2 章式(2-10),$(\boldsymbol{W}-\boldsymbol{I}) \in R^{n \times n}$ 的行元素的所有和都等于零,即$(\boldsymbol{W}-\boldsymbol{I})$的秩为 $n-1$,则式(4-29)所示的齐次系统的通解具有下式的形式[142]

$$\boldsymbol{\lambda}^{ss} = \lambda \ [1, \cdots, 1]^{\mathrm{T}} \tag{4-30}$$

因此,每个分布式发电微源的微增成本,即λ_i^k应收敛到相同的值。

将$(1-z^{-1})$乘以式(4-19)两边,然后应用 z 变换终值定理,可得

$$\lim_{z \to 1}(1-z^{-1})\Delta\boldsymbol{F}(z) = \lim_{z \to 1}(1-z^{-1})\ [\boldsymbol{BM\lambda}(z) + \boldsymbol{BR}(z) + \boldsymbol{C}(z)]$$

$$\Rightarrow \Delta\boldsymbol{f}^{ss} = 0$$

$$\Rightarrow \boldsymbol{BM\lambda}^{ss} + \boldsymbol{Br} + \boldsymbol{C} = 0 \tag{4-31}$$

根据式(4-12)和式(4-13)中 $\boldsymbol{B}$ 和 $\boldsymbol{C}$ 的定义,可得

$$\boldsymbol{\lambda}^{ss} = \frac{\sum\limits_{i \notin \Phi}\dfrac{b_i}{2a_i} + p_{\mathrm{Load}} - \sum\limits_{i \in \Phi}p_i}{\sum\limits_{i \notin \Phi}\dfrac{1}{2a_i}} \cdot \boldsymbol{I}$$

$$\Rightarrow \lambda_i^{ss} = \frac{\sum\limits_{i \notin \Phi}\dfrac{b_i}{2a_i} + p_{\mathrm{Load}} - \sum\limits_{i \in \Phi}p_i}{\sum\limits_{i \notin \Phi}\dfrac{1}{2a_i}}, \quad i = 1, \cdots, n \tag{4-32}$$

其中,Φ 为包含那些达到其容量下限或上限的 DGs 的索引的集合。

比较式(4-5)和式(4-31),微增成本可以收敛到最优解,由此可见,采用式(4-10)所示的分布式二次控制也可以实现保证经济调度目标。

4.3.3 分布式一致性事件触发控制策略

提出的分布式二次控制可以采用时间触发策略或事件触发策略来实现。对于时间触发策略,通信和处理活动以周期性时间触发方案启动,而事件触发策略,通信和处理活动仅在交流微电网中的状态发生重大变化时启动,可以显著降低通信量[143]。本部分设计了一种事件触发策略实现分布式二次控制,如图 4-4所示。

与图 4-3 不同,图 4-4 中包含事件触发条件,具体设计为

$$\rho_i^{k+1} = \begin{cases} 1 & |\Delta p_i^{k+1}| = |p_i^{k+1} - p_{\mathrm{refi}}^{k+1}| > \tau p_{\mathrm{nomi}} \\ 0 & \text{其他} \end{cases} \tag{4-33}$$

式中 τ——第 i 个分布式发电微源允许事件触发误差阈值系数;

p_{nomi}——第 i 个分布式发电微源的额定功率,kW;

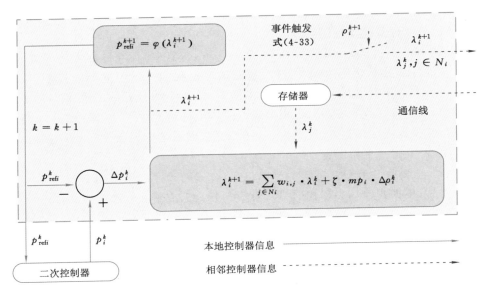

图 4-4 基于事件触发的二次控制原理图

τp_{nomi}——第 i 个分布式发电微源允许事件触发误差阈值,kW;

ρ_i^{k+1}——描述事件触发条件是否满足的状态变量,当事件触发发生时,$\rho_i^{k+1}=1$,否则,$\rho_i^{k+1}=0$。

如图 4-4 所示,每个智能体都分配有独立的内存,当事件触发条件不满足时,即误差 Δp_i^{k+1} 小于阈值时,λ^{k+1} 的值不会被发送给与它相邻的智能体,相邻智能体采用从上次获取并存储在本身内存中的微增成本值更新方程式(4-10b)。一旦事件触发条件满足,λ^{k+1} 的值将被发送给与其相邻的智能体,其相邻智能体将根据新获得的 λ^{k+1} 的值更新微增成本。通过这种方式,避免了微小功率扰动给系统带来的频繁更新,可以有效降低智能体间的通信量,提高运行效率。

实现所提出的事件触发二次控制策略包括两个步骤:① 在每 0.1 s 时间间隔内,发生一次由事件触发的通信和存储器更新;② 在每 0.1 s 时间间隔内(二次控制的一般时间尺度)执行一次式(4-10)所示的二次控制更新过程。具体实现过程如下:① 在每 0.1 s 时间间隔内,每个智能体根据式(4-10)更新其 λ_i^{k+1};② 根据式(4-10)完成更新后,每个智能体各自分别检查是否满足事件触发条件式(4-33);③ 如果某个智能体满足事件触发条件,则该智能体向其相邻智能体发送 λ_i^{k+1};④ 每个智能体将其从相邻智能体接收到的 λ_i^{k+1} 存储到内存,以待下次更新使用;⑤ 当达到另一个 0.1 s 的时间间隔时,每个智能体重复过程 ① 到 ④。

根据式(4-33)的触发条件,本书提出的事件触发控制策略收敛性与 ρ_i^k 相关,下面分两种情况给予证明。

(1)假设所有 DGs 满足 $\rho_i^{ss}=1, i \in \{1,\cdots,n\}$,其中 ρ_i^{ss} 为 ρ_i^k 的稳态形式。

在这种情况下,提出的事件触发控制策略退化为一般时间触发控制,根据4.3.3的分析,微电网的频率收敛性将满足本事件触发情况。然而,根据式(4-26),Δf^{ss} 将收敛至零,那么,根据式(4-1),可得到 $p_{\mathrm{refi}}^{ss}=p_i^{ss}$,即 $|p_{\mathrm{refi}}^{ss}-p_i^{ss}|=0$。然而,根据式(4-33),这种情况不可能发生,原因是 $|p_{\mathrm{refi}}^{ss}-p_i^{ss}|=0$ 与假设所有 DGs 满足 $\rho_i^{ss}=1$ 相矛盾。

(2)至少有一个 DG 满足 $\rho_i^{ss}=0, i \in \{1,\cdots,n\}$。

首先,根据式(4-33)和式(4-1),对第 i 个 DG,有下式存在

$$|\Delta f_i^{ss}|=mp_i\,|\,p_{\mathrm{refi}}^{ss}-p_i^{ss}\,|\leqslant mp_i\tau p_{\mathrm{nomi}} \tag{4-34}$$

交流微电网频率是全局变量,式(4-34)表示的条件对所有 DGs 也都满足,这样,如果参数 τ 值足够小,总能找到一个足够小的值,使得 $\Delta f_i^{ss}(i \in \{1,\cdots,n\})$ 收敛到该值。

其次,根据式(4-1)和式(4-10),如果一个具有微增成本 f_i^{ss} 的 DG 在每次迭代剧烈波动,或者与其相邻的微增成本有较大差异,则 p_{refi}^{k+1} 也会大幅度波动,从而使式(4-34)中所示的条件无效。因此,如果参数 τ 的值足够小,每个 DG 的微增成本 λ_i^{ss} 应该收敛到与其他 DG 的微增成本接近的值,即 $\lambda_i^{ss}\approx\lambda_j^{ss}, \forall i,j \in \{1,\cdots,n\}$。

最后,根据式(4-1),在 Δf_i^{ss} 收敛到一个足够小值的条件下,p_{refi}^{ss} 和 p_i^{ss} 之间的差值也足够小。因此,根据等增量成本准则,如果阈值系数 τ 值选取得当,可以推断出每个 DGs 的输出有功功率也收敛到其最优值。

从上述分析可以看出,本节所提出的事件触发策略只需要本地测量信息(即第 k 次时间间隔内本地分布式发电微源的有功功率输出 p_i^k)来计算时间间隔内的事件触发误差,不需要额外的状态估计量。因此,所提出的事件触发策略计算量小,易于实现。从式(4-33)可以看出,允许的事件触发误差阈值系数 τ 影响控制精度和通信负担。一般情况下,阈值系数 τ 越大,控制精度越低,通信负担越小;相反,阈值系数 τ 越小,控制精度越高,通信负担越大。特别是当阈值系数 τ 为零时,事件触发策略成为时间触发策略,因此,在实际系统中,需要折中考虑 τ 的取值。

4.4　算例

交流微电网测试系统如图4-5所示。该系统由5个分布式发电微源和4个

负荷组成,4个额定负荷大小分别为75 kW、53 kW、57 kW 和30 kW,实际负荷需求可以根据需要进行调节。表4-1列出了5个分布式发电微源的参数。

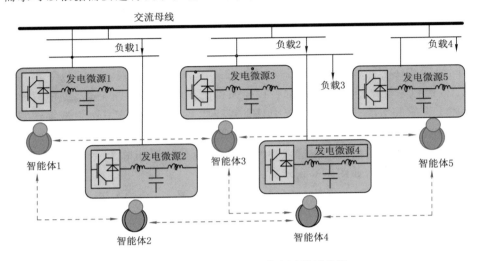

图4-5 孤岛模式下交流微电网测试系统

表 4-1 分布式发电微源相关参数

微源编号	功率范围/kW	a_i /\$(kW^2·h)$^{-1}$	b_i /\$(kW·h)$^{-1}$	c_i /\$h^{-1}	mp_i /Hz(kW)$^{-1}$
1	[0,95]	1.50×10^{-4}	0.062 5	0.30	0.004 7
2	[0,15]	1.50×10^{-4}	0.076 5	0.60	0.040 0
3	[0,60]	1.50×10^{-4}	0.065 7	0.45	0.024 7
4	[0,30]	1.50×10^{-4}	0.071 8	0.75	0.016 0
5	[0,45]	1.50×10^{-4}	0.070 3	0.45	0.020 0

需要说明的是,微电网系统中,发电微源不同,特性差异非常大,a_i、b_i、c_i、mp_i各个系数的差异也非常大,因此在选择表4-1中各项系数时,仅仅考虑用于评估所设计算法本身相关性能,对于实际工程应用,只需用实际发电微源的相关系数代替即可。功率参数范围设置也是如此。

4.4.1 参数设计

式(4-7)中的参数ε影响收敛速度,式(4-10)中的学习率因子ξ也影响收敛速度,两者共同决定了所提出的分布式一致性算法的动态性能,不同ε和ξ值也决定了式(4-16)中矩阵 $\boldsymbol{D}$ 的谱半径变化。由于矩阵 $\boldsymbol{D}$ 的谱半径也决定该算法的动态性能,谱半径小于1,则算法收敛,否则,算法发散,因此,为了保证所提出的算法具有良好的收敛性,必须对这些参数进行良好的设计,即通过最小化矩阵 $\boldsymbol{D}$ 的谱半径选择参数 ε 和 ξ 的值。在设计 ε 和 ξ 的值时,由于每个智能体与其相邻的智能体数一般不同,不同智能体正常工作与否对系统的影响也不同,为考察不同智能体在不同邻居数条件下对系统的影响,仿真时分别考虑了以下六种情况:① 测试系统中所有智能体都在设定条件下正常工作;② 测试系统中只有智能体 1 失效的情况;③ 测试系统中只有智能体 2 失效的情况;④ 测试系统只有智能体 3 失效的情况;⑤ 测试系统中只有智能体 4 失效的情况;⑥ 测试系统只有智能体 5 失效的情况。在这六种情况下,仿真给出了矩阵 $\boldsymbol{D}$ 的谱半径与参数 ε 和 ξ 之间的关系,如图 4-6 所示。

首先,关于参数 ε,在图 4-6(a)、图 4-6(d)、图 4-6(e)中,矩阵 $\boldsymbol{D}$ 在 $\varepsilon=1.0$ 时的谱半径最小;在图 4-6(b)、图 4-6(c)中,矩阵 $\boldsymbol{D}$ 在 $\varepsilon=0.5$ 时的谱半径最小;在图 4-6(f)中,矩阵 $\boldsymbol{D}$ 在 $\varepsilon=2.0$ 时的谱半径最小。综合考虑,取 $\varepsilon=1.0$,这也适合图 4-6(b)、图 4-6(c)、图 4-6(f)条件下,$\boldsymbol{D}$ 的谱半径小于某些容许值的要求。

其次,关于参数 ξ,以图 4-6(e)为例,即只有智能体 4 失效的情况进行说明。根据已有理论,当 $\boldsymbol{D}$ 的谱半径大于等于 1 时,所提出的算法将是不稳定的。因此,用以下三种不同间隔总结参数对所提出算法收敛性的影响:① $\xi \in [0,1.2\times10^{-3}]$ 时,矩阵 $\boldsymbol{D}$ 的谱半径随着 ξ 增加而减小,若矩阵 $\boldsymbol{D}$ 的半径满足小于 1,算法总是稳定的;② $\xi \in (1.2\times10^{-3},8.1\times10^{-3}]$ 时,矩阵 $\boldsymbol{D}$ 的谱半径随着 ξ 的增大而保持不变,若矩阵 $\boldsymbol{D}$ 的半径满足小于 1,算法总是稳定的;③ $\xi \in (8.1\times10^{-3},\infty]$ 时,矩阵 $\boldsymbol{D}$ 的谱半径随的 ξ 增大而增大,当 ξ 的值增大到一定值时,矩阵 $\boldsymbol{D}$ 的谱半径将达到不稳定区。

综上所述,若矩阵 $\boldsymbol{D}$ 的谱半径小于 1,过小的 ξ 值只会降低算法的收敛速度;若 ξ 值过大,会导致矩阵 $\boldsymbol{D}$ 的谱半径大于 1,算法不收敛。此外,随着 ξ 值的增加,DGs 有功功率测量噪声也会被放大,这也被认为是 ξ 值大时的另一个不利影响。因此,在设计时应尽量选择较小的值,以保证算法的收敛性。根据图 4-6,当 $\varepsilon=1.0$ 时,可设计 $\xi=1.5\times10^{-3}$,这可保证所提出的算法在所有这些情况下都具有良好的收敛性和鲁棒性。

为证明参数设计的有效性,在 $\varepsilon=1.0$ 和 $\xi=1.5\times10^{-3}$ 条件下,对上述六种情况,测试本书提出的二次控制策略收敛性,如图 4-7 所示。

图 4-7 中,DGs 输出有功功率初值取为 $\boldsymbol{p}_{ref}^{0}=[55 \ 10 \ 40 \ 17 \ 23]^{T}$(单位:kW)。从图 4-7 还可看出,系统中只有一个智能体失效的情况下,虽然每个智能体地位平等,但不同结点的智能体失效对系统收敛性影响不同,分析原因是在

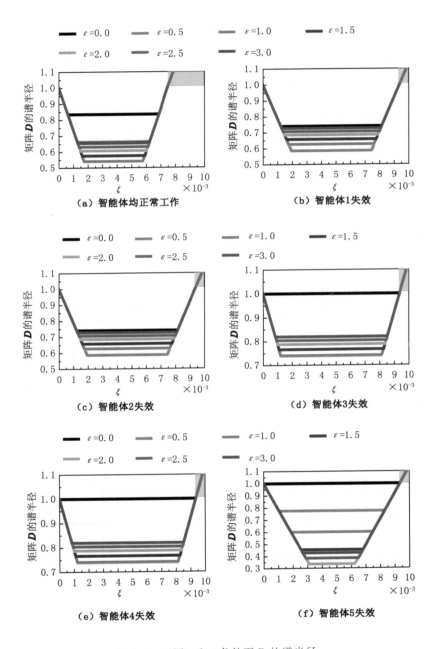

图 4-6 不同 ε 和 ξ 条件下 D 的谱半径

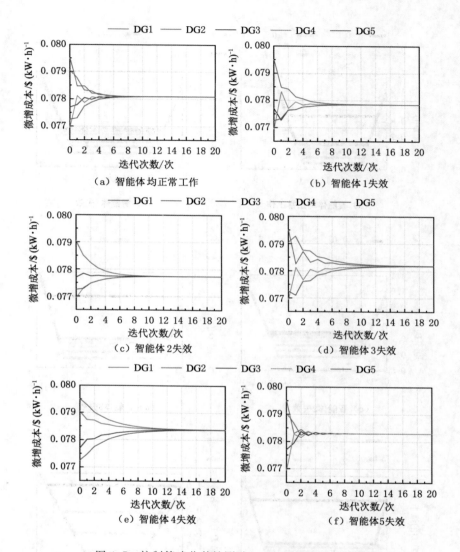

图 4-7 控制策略收敛性测试($\varepsilon = 1.0, \xi = 1.5 \times 10^{-3}$)

图 4-5所示的通信网络中,不同智能体相邻智能体个数不同,通信量不同,不同智能体失效后,剩余智能体会重新组建新的通信网络,不同智能体失效后的重建通信网络不同,根据式(2-10),通信拓扑决定了相邻智能体之间的系数,即 w_{ij} 的值,由于通信拓扑不同,所以造成收敛速度也不同。

对所提出的式(4-33)事件触发控制策略,式中的阈值系数 τ 影响所提出方法的控制精度和通信负担量,图 4-8 给出了 8 种不同 τ 值情况下控制策略的性能比较。仿真实验时,$t=2$ s 之前,只有设备级控制器工作;$t=2$ s 之后,本书提出的事件触发二次控制策略工作。

当 $\tau=0$ 时,事件触发策略退化为时间触发策略,在每个时间间隔内都进行通信,周期为 0.1 s,这符合一般二次控制的时间尺度。对于每个智能体,当满足事件触发条件时,需要与相邻智能体通信以更新其微增成本。DG1 产生的有功功率、微电网的频率、发电成本分别如图 4-8(a)、图 4-8(b)、图 4-8(d)所示。如图 4-8(b)和图 4-8(d)所示,微电网的频率偏差和发电成本随着 τ 的增加而增加。图 4-8(c)示出了 8 个不同 τ 值情况下、智能体 1 的事件触发时间序列。图 4-8(c)中的星号表示满足事件触发条件,并且在星号指示的这些时刻需要通信。图 4-8(e)示出了 $t=2\sim6$ s 时间内,不同 τ 值时 5 个智能体中,每一个智能体通信事件数量。从图 4-8(c)和图 4-8(e)可以看出,随着 τ 的增加,通信负担降低。研究表明,应根据实际微电网系统的通信负荷和稳态性能(即频率偏差和发电成本)要求之间的折中来选择 τ 值大小。本书综合考虑系统性能,取 τ 值为 0.005。

4.4.2　事件触发二次控制性能评估

为对所提出的事件触发二次控制策略进行性能评估,图 4-9 和图 4-10 给出了系统运行模式和切换特性,实验步骤如下:

(1) $t=2$ s 前,交流微电网仅由一次控制器控制,负载 1、负载 3、负载 4 接入交流微电网,负载由 5 个下垂控制的 DGs 供电;

(2) $t=2$ s 后,本书提出的事件触发二次控制策略工作;

(3) $t=6$ s 时,负载 3 退出交流微电网;

(4) $t=10$ s 时,负载 3 重新接入交流微电网;

(5) $t=14$ s 时,负载 2 接入交流微电网;

(6) $t=18$ s 时,负载 2 退出交流微电网。

交流微电网应用所提出事件触发二次控制前后性能比较如图 4-9 所示。

$t=2$ s 之前,分布式发电微源根据下垂系数共享有功功率,如图 4-9(a)所示。每个发电微源微增成本均不相同,有功功率没有以经济方式分配,如图 4-9(b)所示,发电微源 DG1 的微增成本最高,这是由 DG1 的功率远大与其他输出功率造成的,与理论分析一致,虽然 DG3 的输出功率大于 DG2 的输出功率,但由于微增成本系数不同,造成下垂系数共享有功功率 DG2 的成本高于 DG3。交流微电网的频率偏离了额定值,如图 4-9(c)所示。微电网发电成本为 0.090 61 \$ $(kW \cdot h)^{-1}$,如图 4-9(d)所示。$t=2$ s 后,如图 4-9 所示,所有发电微

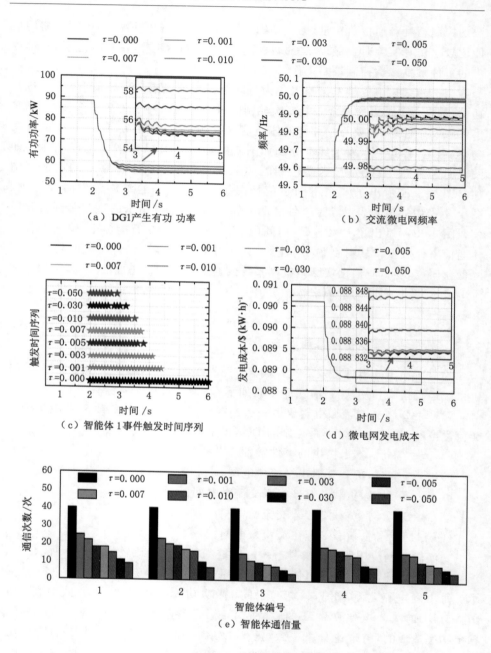

图 4-8　不同 τ 值情况下,微电网系统性能比较

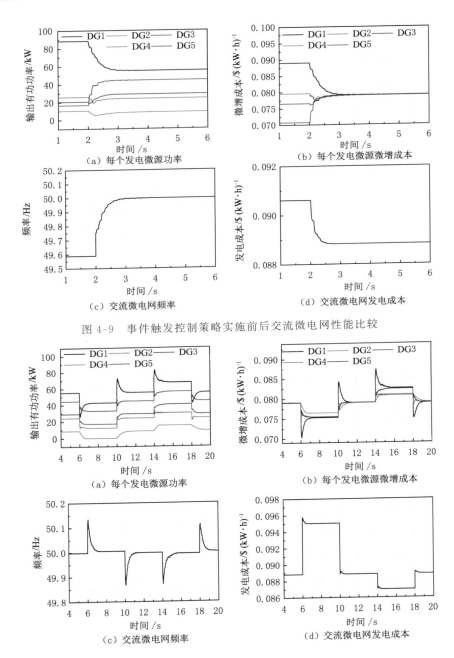

（a）每个发电微源功率

（b）每个发电微源微增成本

（c）交流微电网频率

（d）交流微电网发电成本

图 4-9　事件触发控制策略实施前后交流微电网性能比较

（a）每个发电微源功率

（b）每个发电微源微增成本

（c）交流微电网频率

（d）交流微电网发电成本

图 4-10　负荷变化条件下,基于事件触发控制性能评估

源输出功率得到调整,所有下垂控制的分布式发电微源微增成本在稳态下收敛到相同的值,根据提出的二次控制策略,交流微电网的频率恢复到其额定值,交流微电网的发电成本从 0.090 61 $\$(kW \cdot h)^{-1}$ 降低到 0.088 8 $\$(kW \cdot h)^{-1}$,降低了 1.99%,系统以经济方式运行,经济调度得到保证。

在负载变化条件下,所提出的事件触发二次控制的性能评估如图 4-10 所示。

由图 4-10(a)可知,6 s 之前,系统以最优的成本方式运行,到负载 3 切除后,系统重新根据负荷需求,以最优成本方式运行,对各发电微源实际功率进行了调整,到 14 s 时,系统负荷又发生变化,达到最大,系统再一次在最优成本运行的约束条件下进行调整,18 s 后恢复 6 s 前的运行状态。DG2 在 6~10 s 期间达到其容量下限,DG2 和 DG4 在 14~18 s 期间达到其容量上限,因此,在 6~10 s 期间,DG2 的微增成本高于最优值,在 14~18 s 期间,DG2 和 DG4 的微增成本低于最优值。

综上所述,对负载变化条件下,所提出的事件触发二次控制策略能够响应其变化,在负载变化情况下,收敛到相应的最优解。需要注意的是,当负载发生变化时,每个 DG 的输出有功功率首先由一次控制器以较快响应速度调节,然后,提出的事件触发二次控制可以在较低的响应速度下更新经济功率调度指令。因为所提出的二次控制算法可以根据实时测量的 DG 输出有功功率,即 p_i,在每个时间间隔内根据式(4-10)更新其状态,因此,负载变化的任何影响都可以传递到所提出的二次控制。基于一次和二次控制器的反馈信息,即使负载变化发生在算法响应事件触发条件达到收敛状态之前,所提出的二次控制策略也可以收敛到一个新的最优解。

需要指出的是,提出的控制策略将集中经济调度控制策略和频率恢复控制结合到二次控制中,与下垂控制的 DGs 不同,系统的稳态频率稳定在额定频率。

4.4.3 "即插即用"性能评估

本节对控制策略的"即插即用"性能进行研究,如图 4-11 所示。

在 $t=22$ s 之前,微电网已在设定的经济约束条件下运行,发电微源在相同微增成本下运行,系统在额定频率下运行,总的发电成本为 0.088 83 $\$(kW \cdot h)^{-1}$。$t=22$ s 时,DG2 与交流微电网断开。需要指出,当 DG 断开时,其相应的智能体功能也会关闭,当智能体 2 关闭时,其余智能体的通信拓扑仍处于连接状态。由于 DG2 断开,造成系统功率不能满足负荷功率需求,系统自动调整,以满足负荷需求。系统微增成本由于 DG2 的退出略有增加,频率在 DG2 退出过程中在允许波动范围内很快得以调整并稳定运行,发电成本也有上升。$t=26$ s 时,将 DG2

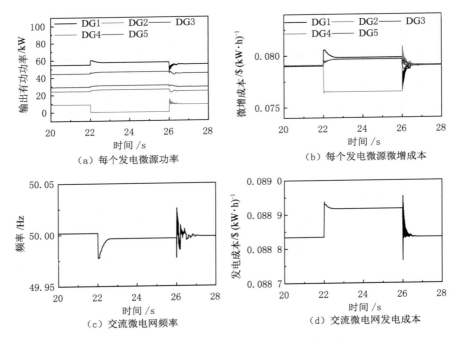

图 4-11　事件触发控制"即插即用"性能评估

重新接入到交流微电网,微源又恢复 DG2 断开前的输出功率状态。如图 4-11 所示,所提出的控制策略在允许的瞬态过程中显示出良好的"即插即用"性能。

4.4.4　智能体失效情况下系统性能评估

某一智能体失效情况下,系统鲁棒性测试结果如图 4-12 所示。智能体功能失效时,其余智能体的通信拓扑仍保持连接。根据通信拓扑规则,当某一智能体失效时,对应的发电微源仍处于工作状态,只是该发电微源默认的参考有功功率为 0。

$t = 30$ s 之前,系统已达到最优运行状态。$t = 30$ s 时,智能体 4 的功能失效,此时对应的发电微源 DG4 以默认的参考有功功率(即 0 kW)运行,剩余发电微源为满足负荷功率要求自动调整功率,系统微增成本和发电成本上升,由于 DG4 发电微源的失效,造成频率短暂波动后恢复稳定运行。$t = 34$ s 时,智能体 4 的功能重新恢复,系统恢复 $t = 30$ s 之前的运行状态。如图 4-12 所示,所提出的控制策略仍然能够以经济的方式恢复交流微电网的频率,并在其余 DGs 之间分配有功功率。因此,所提出的控制策略在某一智能体功能失效的情况下,表现

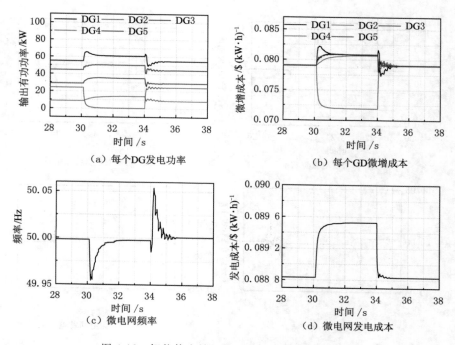

（a）每个DG发电功率 （b）每个GD微增成本

（c）微电网频率 （d）微电网发电成本

图 4-12　智能体失效情况下系统鲁棒性测试结果

出良好的鲁棒性。

4.4.5　本书提出的二次控制策略与传统控制性能比较

本节将设计的经济事件触发二次控制策略与事件触发二次控制策略、集中经济调度（ED）控制策略和分布式时间触发比例有功调度（PD）控制策略进行了性能比较，如图 4-13 所示。

对于集中 ED 控制策略，需要一个中心智能体在每个时间间隔（即 0.1 s）内与所有 DGs 的本地智能体进行通信，然后中心智能体以集中方式收集全局信息，解决 ED 问题后，向所有本地智能体发送最优有功功率参考指令。因此，集中控制策略可以在每个时间间隔内得到最优解，且具有一步收敛性能。对于分布式、时间触发的比例有功功率调度（PD）控制策略，在不考虑每个 DG 的发电成本的情况下，DG 之间的有功功率需求可以按其功率额定值的比例共享，运行模式和模式之间的转换与 4.4.2 小节所述相同，图 4-13（a）给出了 DG1 的有功功率比较。如图 4-13 所示，所提出的 ED 算法和集中 ED 算法在稳态时对 DG1 的调度功率相同，而分布式 PD 算法对 DG1 的调度功率不同。

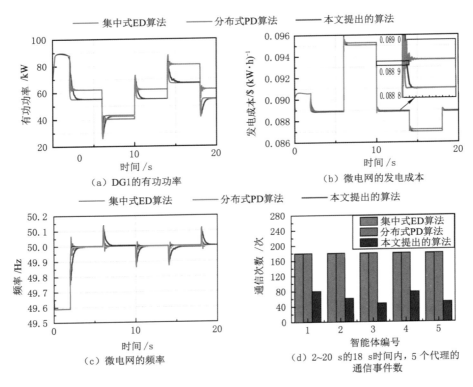

（a）DG1的有功功率 （b）微电网的发电成本

（c）微电网的频率 （d）2~20 s的18 s时间内，5 个代理的通信事件数

图 4-13 事件触发二次控制策略、集中 ED 控制策略及分布式 PD 控制策略性能比较

此外，当使用所提出的集中 ED 算法时，微电网的发电成本非常接近，而分布式 PD 算法导致微电网的发电成本更高，如图 4-13（b）所示。造成上述差异的原因是分布式 PD 算法没有考虑每个 DG 的发电成本，而其他两种控制算法则考虑了经济调度问题。三种控制算法都能使微电网的频率恢复到其额定值，如图 4-13（c）所示。集中 ED 算法显示了最快的响应速度，如图 4-13（a）、图 4-13（b）、图 4-13（c）所示，因为该种算法可通过集中通信一步得出最优解。然而，集中策略需要中心智能体与所有本地智能体通信以收集全局信息，因而对单点故障敏感，并且具有很大的计算负担。使用所提出的事件触发二次控制策略，如图 4-13（d）所示，大大降低了通信负担。

综上所述，本书提出的算法在保证传统集中 ED 策略相同性能的同时，也降低了整个系统的通信负担。

4.5　本章小结

本章研究了下垂控制孤岛交流微电网的经济调度和频率恢复控制问题。针对这一问题,提出了一种分布式事件触发二次控制策略,以保证在小时间尺度上同时进行经济调度和频率控制。与现有的控制策略相比,所提出的控制策略可以同时保证经济调度和频率恢复控制,而不需要额外的辅助控制,用于频率恢复控制,使得系统功能更容易实现。此外,还提出了一种特殊的事件触发通信方法来实现所提出的事件触发二次控制,该方法易于实现,减少了代理之间的通信负担。

5 Buck-Boost 变换器串级控制

5.1 引言

众所周知,直流微电网可以更有效地整合可再生能源、储能和直流负荷,避免交流/直流和直流/交流的多次转换;直流微电网中也不存在频率调节和无功功率问题,因此,直流微电网受到越来越多的关注[144]。

直流/直流(Direct Current/Direct Current,DC/DC)功率变换器是直流微电网的重要部件,在典型的 DC/DC 变换器中,Buck-Boost 变换器输出电压既可以低于输入电压,也可高于输入电压,在直流微电网中具有重要作用。对许多分布式发电微源,如电池储能、太阳能发电和燃料电池等,利用 Buck-Boost 变换器可以获得较大的输出电压范围[145]。此外,通过 Buck-Boost 变换器的并联运行,可以很容易地扩展系统容量[146]。因此,对 Buck-Boost 变换器进行研究具有重要意义。

Buck-Boost 变换器有很多种拓扑结构,如传统的 Buck-Boost 变换器[147]、级联 Buck-Boost 变换器[148]、双开关 Buck-Boost 变换器[149]、隔离 Buck-Boost 变换器[150]等。与先进的 Buck-Boost 拓扑相比,传统的 Buck-Boost 变换器虽然性能不具明显优势,但传统 Buck-Boost 变换器具有元件数量少、成本低的特点,而且先进的 Buck-Boost 变换器大都是在传统 Buck-Boost 变换器基础上改良而来,具有先进 Buck-Boost 变换器所具有的部分优点。近年来,传统的 Buck-Boost 变换器仍得到了广泛的研究[151],并在电机驱动系统[152]、直流电源系统[153]和光伏发电系统[154]等领域得到了广泛的应用。因此,本书采用传统的 Buck-Boost 拓扑结构对所提出的直流微电网控制进行了研究。

在现有 Buck-Boost 变换器的控制研究中,解决控制精度问题是研究的一个主要目标。采用单回路控制和串级控制结构都可实现调节 Buck-Boost 变换器的电压输出,单回路控制结构中,采用可变开关频率的 Buck-Boost 变换器滑模控制,在不考虑限流条件下,可实现控制输出电压的目标[155],采用滞环电流控制,可改变 Buck-Boost 变换器的动态特性[156],通过引入电流控制器实现限制和保护过电流。单回路控制结构容易实现,非常适合要求不高的应用场合,为提高 Buck-Boost 变换器的控制性能,Buck-Boost 变换器的串级控制得到了重视。文献[157]采用基于滑模控制(SMC)的滞环控制器对电流内环进行控制,采用线性控制器进行电压外环控制,实现了 Buck-Boost 变换器的串级控制。

改变系统惯性是 Buck-Boost 变换器研究的另一个主要内容。直流微电网系统中,由于直流微源及储能等单元存在,往往需要 Buck-Boost 变换器并联运行,并联运行的 Buck-Boost 变换器广泛应用下垂控制,以满足系统"即插即用"的要求,但下垂控制在 Buck-Boost 变换器控制中惯性较小,这可能导致直流微电网母线电压在负载变化时急剧变化,甚至导致安装在配电网络中的电压调节装置故障,造成系统崩溃,如何提高 Buck-Boost 变换器惯性,成为研究人员关注的一个方向。对于交流微电网,采用虚拟同步发电机(VSG)的控制方法解决下垂控制交流微电网惯性小的问题[130,158],取得较好的控制效果。对于直流微电网,研究人员借用交流微电网虚拟控制思路,对直流微电网采用类似虚拟惯性控制(Virtual Inertia Control,VIC)实现 Buck-Boost 变换器惯性控制,通过模拟 DC 发电机的惯性特性来调节直流微电网功率波动引起的直流微电网母线电压波动,取得初步成效[72]。

为了实现 Buck-Boost 变换器良好的控制性能,需要综合考虑系统动态性能和系统惯性之间的关系,基于终端滑模控制(SMC)的策略解决了系统的快速性和有限时间收敛问题,近年来,在微电网控制中得到了应用。文献[159]针对微电网储能特点,利用固定时间控制策略的鲁棒性,采用局部固定时间滑模控制,实现电荷平衡状态,保证系统在间歇光伏发电和可变负载情况下仍能保持电荷平衡状态;文献[160]受跟踪一致性范式的启发,设计了基于 Ad hoc 无抖振滑模控制的微电网分布式算法,增强了系统的鲁棒性和收敛性;文献[161]针对直流配电网的特点,结合增广状态观测器和终端滑模控制器,以直流母线电压为输入信号,设计了双向 AC/DC 变换器的非线性鲁棒控制器,实现系统母线电压波动的快速抑制。

为提高 Buck-Boost 变换器输出电压调节性能,本书设计了一种基于终端 SMC 的电流内环控制器和电压外环控制器。该控制策略通过一个 PWM 单元产生开关信号,很容易满足固定开关频率的要求,继承了终端 SMC 控制的鲁棒性;同时,根据交流微电网中 DC/AC 逆变器 VSG 控制策略思路,提出了一种并联 Buck-Boost 虚拟惯性控制策略,研究了直流微电网中 Buck-Boost 变换器控制,同时,还设计了 DC/DC 变换器电压误差控制器,实现 DC/DC 变换器接入 DC 微电网之前输出电压与 PCC 电压的同步功能。

5.2 Buck-Boost 变换器建模

Buck-Boost 变换器接口原理如图 5-1 所示[72]，主要包括直流电源、电子开关、二极管、电感和输出电容器等单元。图中 L 为电感器电感，R_L 为电阻，C 为电容器的电容，V_{dc} 为输入直流电压，V_0、i_0 为 Buck-Boost 变换器的输出电压和电流，i_L 表示流过电感的电流。

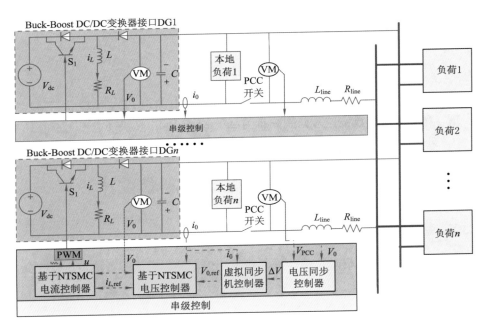

图 5-1 并联 Buck-Boost 变换器原理

基于基尔霍夫电压和电流定律，系统的微分方程为

$$\frac{\mathrm{d}i_L}{\mathrm{d}t} = V_{dc}D - (1-D)V_0 - R_L i_L$$
$$= (D-1)V_0 - R_L i_L + V_{dc}D \tag{5-1}$$

$$C\frac{\mathrm{d}V_0}{\mathrm{d}t} = (1-D)i_L - i_0 \tag{5-2}$$

其中，$D \in \{0, 1\}$ 为电源开关状态，$D = 0$ 为开关打开状态，$D = 1$ 为开关关闭状态。

通常，通过脉冲宽度调制（PWM）控制策略控制 Buck-Boost 变换器。因此，

可导出电源开关状态 D 如下

$$D = \begin{cases} 1 & t \in (nT, nT + uT] \\ 0 & t \in (nt + uT, nT + T] \end{cases} \tag{5-3}$$

式中　t——时间,s;

　　　T——PWM 周期,s;

　　　u——PWM 占空比;

　　　$n=0,1,\cdots$。

当 PWM 频率足够高时,可以通过 u 替换 D 导出以下平均模型

$$L\frac{\mathrm{d}i_L}{\mathrm{d}t} = (u-1)V_0 - R_L i_L + V_{\mathrm{dc}} u \tag{5-4}$$

$$C\frac{\mathrm{d}V_0}{\mathrm{d}t} = (1-u)i_L - i_0 \tag{5-5}$$

由于非线性影响,参数 L、R_L 和 C 可能偏离其额定值,假设额定值可表示为 L_0、R_{L0} 和 C_0,则参数偏差可分别表示为 $\Delta L = L - L_0$、$\Delta R_L = R_L - R_{L0}$ 和 $\Delta C = C - C_0$。

5.3　基于滑模控制的电压电流控制器设计

5.3.1　电流环控制器设计

电流控制器的目标是快速准确跟踪电压控制器提供的参考电流。现定义电流误差 e_i 如下

$$e_i = i_{L,\mathrm{ref}} - i_L \tag{5-6}$$

式中　$i_{L,\mathrm{ref}}$——电压控制器输出的参考电流,A;

　　　i_L——当前电流,A。

基于非奇异终端滑模控制(Nonsingular Terminal Sliding Mode Control, NTSMC)理论[162],定义二阶 NTSMC 曲面为

$$S_i = \lambda_i e_i^{\alpha_i / \beta_i} + \int e_i \mathrm{d}t \tag{5-7}$$

其中,$\lambda_i > 0$,且 α_i、β_i 是正奇数,定义如下

$$1 < \frac{\alpha_i}{\beta_i} < 2; \alpha_i, \beta_i \in \{2n+1, n = 0, 1, 2, \cdots\} \tag{5-8}$$

根据式(5-7)可得

$$\frac{\mathrm{d}S_i}{\mathrm{d}t} = e_i + \lambda_i (\alpha_i / \beta_i) e_i^{(\alpha_i / \beta_i) - 1} \frac{\mathrm{d}e_i}{\mathrm{d}t}$$

$$= \lambda_i (\alpha_i / \beta_i) e_i^{\langle \alpha_i / \beta_i \rangle - 1} \left[\lambda_i^{-1} (\beta_i / \alpha_i) e_i^{2 - \langle \alpha_i / \beta_i \rangle} + \frac{\mathrm{d}e_i}{\mathrm{d}t} \right] \tag{5-9}$$

根据式（5-8），可得 $e_i^{\langle \alpha_i / \beta_i \rangle - 1} \geqslant 0$，为简化式（5-9），令 $\eta_i = \lambda_i (\alpha_i / \beta_i) e_i^{\langle \alpha_i / \beta_i \rangle - 1}$，且 $\eta_i > 0$，则式（5-9）可表示为

$$\frac{\mathrm{d}S_i}{\mathrm{d}t} = \eta_i \left[\lambda_i^{-1} (\beta_i / \alpha_i) e_i^{2 - \langle \alpha_i / \beta_i \rangle} + \frac{\mathrm{d}e_i}{\mathrm{d}t} \right] \tag{5-10}$$

设计滑模面 S_i 指数到达率为

$$\frac{\mathrm{d}S_i}{\mathrm{d}t} = -\rho_i S_i - \gamma_i \mathrm{sgn}(S_i) \tag{5-11}$$

根据式（5-4）、式（5-6）、式（5-10）和式（5-11），可得如下控制律

$$
\begin{aligned}
u &= \frac{(\lambda_i^{-1} (\beta_i / \alpha_i) L e_i^{2 - \langle \alpha_i / \beta_i \rangle} + V_0 + R_L i_L)}{(V_0 + V_{\mathrm{dc}})} + \\
&\quad \frac{L \rho_i \eta_i^{-1} S_i + L \gamma_i \eta_i^{-1} \mathrm{sgn}(S_i)}{(V_0 + V_{\mathrm{dc}})} + \frac{L}{(V_0 + V_{\mathrm{dc}})} \frac{\mathrm{d}i_{L,\mathrm{ref}}}{\mathrm{d}t} \\
&= \frac{\left[\lambda_i^{-1} (\beta_i / \alpha_i) L_0 e_i^{2 - \langle \alpha_i / \beta_i \rangle} + V_0 + R_{L0} i_L \right]}{(V_0 + V_{\mathrm{dc}})} + \\
&\quad \frac{L_0 \rho_i \eta_i^{-1} S_i + L_0 \gamma_i \eta_i^{-1} \mathrm{sgn}(S_i)}{(V_0 + V_{\mathrm{dc}})} + \frac{L \dfrac{\mathrm{d}i_{L,\mathrm{ref}}}{\mathrm{d}t} + \Delta R_L i_L}{(V_0 + V_{\mathrm{dc}})} + \\
&\quad \frac{\Delta L_0 \lambda_i^{-1} (\beta_i / \alpha_i) e_i^{2 - \langle \alpha_i / \beta_i \rangle}}{(V_0 + V_{\mathrm{dc}})} + \frac{\Delta L_0 \rho_i \eta_i^{-1} S_i + \gamma_i \eta_i^{-1} \mathrm{sgn}(S_i)}{(V_0 + V_{\mathrm{dc}})}
\end{aligned} \tag{5-12}
$$

定义

$$A = \lambda_i^{-1} (\beta_i / \alpha_i) e_i^{2 - \langle \alpha_i / \beta_i \rangle} + \rho_i \eta_i^{-1} S_i + \gamma_i \eta_i^{-1} \mathrm{sgn}(S_i) \tag{5-13}$$

则式（5-12）可简化为

$$
\begin{aligned}
u &= \frac{\left[\lambda_i^{-1} (\beta_i / \alpha_i) L e_i^{2 - \langle \alpha_i / \beta_i \rangle} + V_0 + R_L i_L \right]}{(V_0 + V_{\mathrm{dc}})} + \\
&\quad \frac{L \rho_i \eta_i^{-1} S_i + L \gamma_i \eta_i^{-1} \mathrm{sgn}(S_i)}{(V_0 + V_{\mathrm{dc}})} + \frac{L}{(V_0 + V_{\mathrm{dc}})} \frac{\mathrm{d}i_{L,\mathrm{ref}}}{\mathrm{d}t} \\
&= \frac{\left[\lambda_i^{-1} (\beta_i / \alpha_i) L_0 e_i^{2 - \langle \alpha_i / \beta_i \rangle} + V_0 + R_{L0} i_L \right]}{(V_0 + V_{\mathrm{dc}})} + \\
&\quad \frac{L_0 \rho_i \eta_i^{-1} S_i + L_0 \gamma_i \eta_i^{-1} \mathrm{sgn}(S_i)}{(V_0 + V_{\mathrm{dc}})} + \frac{L \dfrac{\mathrm{d}i_{L,\mathrm{ref}}}{\mathrm{d}t} + \Delta L_0 A + \Delta R_L i_L}{(V_0 + V_{\mathrm{dc}})}
\end{aligned} \tag{5-14}
$$

电流内环控制器的响应速度通常比电压外环控制器的响应速度快，因此假定 $\mathrm{d}i_{L,\mathrm{ref}} / \mathrm{d}t = 0$。而且，$\Delta L_0 A$、$\Delta R_L i_L$ 为不确定项，此时，可将控制律 u 修改为

$$u = \frac{\left[\lambda_i^{-1}(\beta_i/\alpha_i)L_0 e^{2-\langle\alpha_i/\beta_i\rangle} + V_0 + R_{L0}i_L\right]}{(V_0 + V_{dc})} +$$

$$\frac{L_0\rho_i\eta_i^{-1}S_i + L_0\gamma_i\eta_i^{-1}\mathrm{sgn}(S_i)}{(V_0 + V_{dc})} \tag{5-15}$$

为证明所提出的电流内环控制策略的稳定性,定义如下 Lyapunov 函数

$$V_i = \frac{1}{2}S_i^2 \tag{5-16}$$

根据式(5-4)、式(5-10)、式(5-11)、式(5-15)有

$$\frac{\mathrm{d}V_i}{\mathrm{d}t} = S_i\,\frac{\mathrm{d}S_i}{\mathrm{d}t}$$

$$= S_i\eta_i\left[\lambda_i^{-1}(\beta_i/\alpha_i)e_i^{2-\langle\beta_i/\alpha_i\rangle} + \frac{\mathrm{d}e_i}{\mathrm{d}t}\right]$$

$$= S_i\eta_i\left[\lambda_i^{-1}(\beta_i/\alpha_i)e_i^{2-\langle\beta_i/\alpha_i\rangle} + \frac{\mathrm{d}i_{L,\mathrm{ref}}}{\mathrm{d}t} + \right.$$

$$\left.\frac{1}{L}V_0 - \frac{u}{L}(V_0 + V_{dc}) + \frac{R_L}{L}i_L\right]$$

$$= S_i\eta_i\,\frac{\Delta L}{L}(\lambda_i^{-1}(\beta_i/\alpha_i)e_i^{2-\langle\beta_i/\alpha_i\rangle}) +$$

$$S_i\eta_i\left(\frac{\Delta R_L}{L}i_L + \frac{\mathrm{d}i_{L,\mathrm{ref}}}{\mathrm{d}t}\right) - \frac{L_0}{L}\left[\rho_i S_i S_i + \gamma_i S_i\mathrm{sgn}(S_i)\right] \leqslant$$

$$S_i\eta_i\,\frac{\Delta L}{L}\left[\lambda_i^{-1}(\beta_i/\alpha_i)e_i^{2-\langle\beta_i/\alpha_i\rangle}\right] +$$

$$S_i\eta_i\left(\frac{\Delta R_L}{L}i_L + \frac{\mathrm{d}i_{L,\mathrm{ref}}}{\mathrm{d}t}\right) - \frac{L_0}{L}\gamma_i \mid S_i \mid \tag{5-17}$$

根据式(5-17),如果 γ_i 和 η_i 满足下式

$$\gamma_i > \eta_i\max\left\{\frac{\Delta L}{L}\left[\lambda_i^{-1}(\beta_i/\alpha_i)e_i^{2-\langle\beta_i/\alpha_i\rangle}\right] + \right.$$

$$\left.\frac{\Delta R_L}{L}i_L + \left|\frac{\mathrm{d}i_{L,\mathrm{ref}}}{\mathrm{d}t}\right|\right\} \tag{5-18}$$

有 $\mathrm{d}V/\mathrm{d}t < 0$,则提出的控制策略收敛。

根据式(5-18),考虑不确定性影响,随着 γ_i 的增加,系统鲁棒性增加,然而,γ_i 越大,不连续项 $\mathrm{sgn}(S_i)$ 将会导致抖振现象。为减少由不连续项引起的抖振,将电流控制律 u 修改如下

$$u = \frac{\left[\lambda_i^{-1}(\beta_i/\alpha_i)L_0 e_i^{2-\langle\alpha_i/\beta_i\rangle} + V_0 + R_{L0}i_L\right]}{(V_0 + V_{dc})} +$$

$$\frac{L_0\rho_i\eta_i^{-1}S_i + L_0\gamma_i\eta_i^{-1}\tanh(\varphi_iS_i)}{(V_0+V_{dc})} \tag{5-19}$$

其中，$\tanh(\,\cdot\,)$ 是双曲正切函数，且 $\varphi_i>0$。

设计的电流控制器如图 5-2 所示。

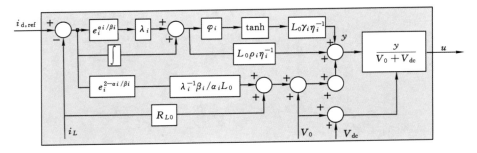

图 5-2　电流控制器原理图

5.3.2　电压控制器设计

定义电压误差 e_v 如下

$$e_v = V_{0,\mathrm{ref}} - V_0 \tag{5-20}$$

其中，$V_{0,\mathrm{ref}}$ 为虚拟惯性控制产生的参考电压。

定义二阶 NTSMC 滑模面如下

$$S_v = \lambda_v e_v^{\alpha_v/\beta_v} + \int e_v \mathrm{d}t \tag{5-21}$$

其中，$\lambda_v>0$，定义 α_v,β_v 如下

$$1 < \frac{\alpha_v}{\beta_v} < 2 ; \alpha_v,\beta_v \in \{2n+1, n=0,1,2,\cdots\} \tag{5-22}$$

根据式(5-21)，有

$$\frac{\mathrm{d}S_v}{\mathrm{d}t} = e_v + \lambda_v(\alpha_v/\beta_v)e_v^{(\alpha_v/\beta_v)-1}\frac{\mathrm{d}e_v}{\mathrm{d}t}$$

$$= \lambda_v(\alpha_v/\beta_v)e_v^{(\alpha_v/\beta_v)-1}\left[\lambda_v^{-1}(\beta_v/\alpha_v)e_v^{2-(\alpha_v/\beta_v)} + \frac{\mathrm{d}e_v}{\mathrm{d}t}\right] \tag{5-23}$$

由于 $e_v^{(\alpha_v/\beta_v)-1}\geqslant 0$，定义 $\eta_v = \lambda_v(\alpha_v/\beta_v)e_v^{(\alpha_v/\beta_v)-1}$ 且 $\eta_v>0$，式(5-23)可写为

$$\frac{\mathrm{d}S_v}{\mathrm{d}t} = \eta_v\left(\lambda_v^{-1}(\beta_v/\alpha_v)e_v^{2-\alpha_v/\beta_v} + \frac{\mathrm{d}e_v}{\mathrm{d}t}\right) \tag{5-24}$$

滑模面 S_v 指数到达率设计如下

$$\frac{\mathrm{d}S_v}{\mathrm{d}t} = -\rho_v S_v - \gamma_v \mathrm{sgn}(S_v) \tag{5-25}$$

根据式(5-5)、式(5-20)、式(5-24)和式(5-25),可得

$$i_{L,\text{ref}} = i_0 + C\lambda_v^{-1}(\beta_v/\alpha_v)e_v^{2-(\alpha v/\beta v)} + C\eta_v^{-1}\rho_v S_v +$$

$$C\eta_v^{-1}\gamma_v \text{sgn}(S_v) + C\frac{\mathrm{d}v_{0,\text{ref}}}{\mathrm{d}t} + ui_L$$

$$= i_0 + C\lambda_v^{-1}(\beta_v/\alpha_v)e_v^{2-(\alpha v/\beta v)} + C_0\eta_v^{-1}\rho_v S_v +$$

$$C_0\eta_v^{-1}\gamma_v \text{sgn}(S_v) + C\frac{\mathrm{d}v_{0,\text{ref}}}{\mathrm{d}t} + ui_L + \Delta C\lambda_v^{-1}(\beta_v/\alpha_v)e_v^{2-(\alpha v/\beta v)} +$$

$$\Delta C(\rho_v\eta_v^{-1}S_v + \gamma_v\eta_v^{-1}\text{sgn}(S_v)) \tag{5-26}$$

定义

$$B = \lambda_v^{-1}(\beta_v/\alpha_v)e_v^{2-(\alpha v/\beta v)} + \rho_v\eta_v^{-1}S_v + \gamma_v\eta_v^{-1}\text{sgn}(S_v) \tag{5-27}$$

则式(5-26)可简化为

$$i_{L,\text{ref}} = i_0 + C\lambda_v^{-1}(\beta_v/\alpha_v)e_v^{2-(\alpha v/\beta v)} + C\eta_v^{-1}\rho_v S_v +$$

$$C\eta_v^{-1}\gamma_v \text{sgn}(S_v) + C\frac{\mathrm{d}v_{0,\text{ref}}}{\mathrm{d}t} + ui_L$$

$$= i_0 + C\lambda_v^{-1}(\beta_v/\alpha_v)e_v^{2-(\alpha v/\beta v)} + C_0\eta_v^{-1}\rho_v S_v +$$

$$C_0\eta_v^{-1}\gamma_v \text{sgn}(S_v) + C\frac{\mathrm{d}v_{0,\text{ref}}}{\mathrm{d}t} + ui_L + \Delta CB \tag{5-28}$$

假定 $\mathrm{d}V_{0,\text{ref}}/\mathrm{d}t = 0$ 并忽略不确定因素 $ui_L + \Delta CB$,则控制律可写为

$$i_{L,\text{ref}} = i_0 + C\lambda_v^{-1}(\beta_v/\alpha_v)e_v^{2-(\alpha v/\beta v)} + C\eta_v^{-1}\rho_v S_v +$$

$$C\eta_v^{-1}\gamma_v \text{sgn}(S_v) \tag{5-29}$$

为了证明所提出的电压控制策略的稳定性,定义 Lyapunov 函数如下

$$V_v = \frac{1}{2}S_v^2 \tag{5-30}$$

根据式(5-5)、式(5-24)、式(5-29),有

$$\frac{\mathrm{d}V_v}{\mathrm{d}t} = S_v\frac{\mathrm{d}S_v}{\mathrm{d}t}$$

$$= S_v\eta_v\left(\frac{\mathrm{d}v_{0,\text{ref}}}{\mathrm{d}t} + \frac{ui_L}{C}\right) - S_v\eta_v\lambda_v^{-1}\frac{\Delta C}{C}(\beta_v/\alpha_v)e_v^{2-(\alpha v/\beta v)} -$$

$$\frac{C_0}{C}\rho_v S_v^2 - \frac{C_0}{C}S_v\gamma_v \text{sgn}(S_v) \leqslant S_v\eta_v\left(\frac{\mathrm{d}v_{0,\text{ref}}}{\mathrm{d}t} + \frac{ui_L}{C}\right) -$$

$$S_v\eta_v\frac{\Delta C}{C}\lambda_v^{-1}(\beta_v/\alpha_v)e_v^{2-(\alpha v/\beta v)} - \frac{C_0}{C}\gamma_v|S_v| \tag{5-31}$$

根据式(5-31),如果 γ_i 与 η_i 选择满足下式

$$\gamma_v > \eta_v\left(\frac{C}{C_0}\frac{\mathrm{d}v_{0,\text{ref}}}{\mathrm{d}t} + \frac{ui_L}{C_0}\right) - \eta_v\frac{\Delta C}{C_0}\lambda_v^{-1}(\beta_v/\alpha_v)e_v^{2-(\alpha v/\beta v)}$$

$$\Rightarrow \gamma_v > \eta_v \max \left\{ \left| \frac{C}{C_0} \frac{\mathrm{d}v_{0,\mathrm{ref}}}{\mathrm{d}t} + \frac{ui_L}{C_0} - \frac{\Delta C}{C_0} \lambda_v^{-1} (\beta_v/\alpha_v) e_v^{2-\langle \alpha_v/\beta_v \rangle} \right| \right\} \tag{5-32}$$

有 $\mathrm{d}V_v/\mathrm{d}t < 0$，则设计的电压控制器稳定。

根据式(5-32)，考虑到参数不确定性影响，随着参数 γ_v 的增加，系统的鲁棒性增强，然而，参数 γ_v 值越大，公式中因 $\mathrm{sgn}(S_v)$ 不连续项的存在将会导致系统抖振现象。为减少 $\mathrm{sgn}(S_v)$ 不连续项引起的系统抖振，电压控制律可修改为如下形式

$$\begin{aligned} i_{L,\mathrm{ref}} = i_0 &+ C_0 \lambda_v^{-1} (\beta_v/\alpha_v) e_v^{2-\langle \alpha_v/\beta_v \rangle} + C_0 \eta_v^{-1} \rho_v S_v + \\ &C_0 \eta_v^{-1} \gamma_v \tanh(\varphi_v S_v) \end{aligned} \tag{5-33}$$

其中，$\tanh(\cdot)$ 为双曲正切函数且 $\varphi_v > 0$。

设计的电压控制器原理图如图 5-3 所示。

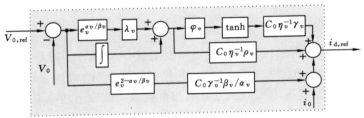

图 5-3   电压控制器原理图

5.4   Buck-Boost 变换器虚拟惯性控制

基于下垂控制的电压电流变换器可以调节接口输出电压、平衡瞬时发电与负载需求，广泛应用于直流微电网系统中。但直流电源变换器接口一般惯性较小，使得直流微电网电压具有不稳定的潜在风险，基于下垂控制的 DGs 几乎不能提供直流母线电压的惯性支撑。在传统虚拟惯性控制的基础上，本部分提出了一种虚拟惯性控制策略，以改善 Buck-Boost 变换器与 DGs 接口的惯性特性，同时提出了一种 Buck-Boost 变换器同步接入方法，实现变换器的"即插即用"功能。

5.4.1   传统下垂控制设计

直流微电网 Buck-Boost 变换器的传统电压-电流下垂控制一般设计为如下形式[163]

$$V_{0,\mathrm{ref}} = V_{\mathrm{nom}} - i_0 R_V \tag{5-34}$$

式中 $V_{0,\mathrm{ref}}$——Buck-Boost 变换器参考电压，V；

V_{nom}——DC 输出额定电压，V；

i_0——逆变器输出电流，A；

R_V——Buck-Boost 变流器下垂系数或 Buck-Boost 变流器虚拟电阻，Ω。

直流微电网 Buck-Boost 变换器的控制中，一般要求内环电压和电流控制具有较快的响应速度，以便动态调整系统变化，满足系统快速性要求。根据式(5-34)可以推断，负载波动引起的输出电流变化可以立即引起参考输出电压相应变化，下垂控制能较好地满足响应速度要求。但是，由于直流微电网母线电压是衡量微电网性能的唯一指标，系统对外界干扰更加敏感，要求系统控制具有强抗干扰性，而传统下垂控制几乎不能为直流微电网提供惯性支撑，这可能导致电压在外部干扰条件下发生急剧变化，稳定性降低，性能变差，特别是含 Buck-Boost 变换器接口的直流微电网系统，在高渗透率情况下，问题尤为突出，甚至发生失稳现象。

5.4.2 虚拟惯性控制设计

在交流微电网中，通过模拟传统同步发电机(SM)惯性、阻尼特性和频率调节，提出了基于虚拟同步发电机(VSG)的控制策略，以改善逆变器与 DGs 接口惯性。基于虚拟同步发电机方法可以防止负载波动或输出功率变化引起频率的急剧变化，从而提高交流微电网的频率稳定性。借鉴交流微电网虚拟惯性控制思路，本书针对 Buck-Boost 直流变换器特点，设计了直流微电网虚拟惯性控制方案，具体如下。

首先，根据虚拟同步发电机方程形式，Buck-Boost 变换器动力学方程设计为

$$i_{in} - i_0 - D(V_{0,ref} - V_{nom} - \Delta V) = C_V V_{nom} \frac{d(V_{0,ref} - V_{nom})}{dt} \quad (5-35)$$

式中 i_{in}——控制器提供的参考电流，A；

i_0——Buck-Boost 变换器输出电流，A；

D——阻尼系数；

$V_{0,ref}$——Buck-Boost 变换器参考电压，V；

V_{nom}——输出直流电压额定值，V；

ΔV——由电压误差控制器提出的电压误差修正项，V；

C_V——变换器提供虚拟惯量的虚拟电容，F。

其次，为模拟同步电机下垂特性，参考电流表示为

$$i_{in} = i_{ref} - \frac{1}{R_V}(V_{0,ref} - V_{nom} - \Delta V) \quad (5-36)$$

式中 i_{ref}——微电网控制器提供的输出电流参考，A。

最后，根据式(5-35)式(5-36)，可以推出 Buck-Boost 变换器的输出电流

和输出电压之间动态特性为

$$C_V V_{\mathrm{nom}} \frac{\mathrm{d}(V_{0,\mathrm{ref}} - V_{\mathrm{nom}})}{\mathrm{d}t} = i_{\mathrm{ref}} - \frac{1}{R_V}(V_{0,\mathrm{ref}} - V_{\mathrm{nom}} - \Delta V) -$$

$$i_0 - D(V_{0,\mathrm{ref}} - V_{\mathrm{nom}} - \Delta V) \qquad (5\text{-}37)$$

虚拟惯性控制器原理如图 5-4 所示。

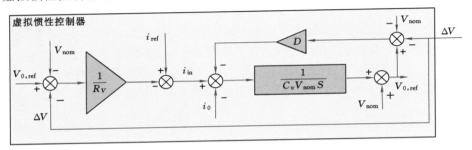

图 5-4　虚拟惯性控制器原理图

　　需要说明的是,本节中用到的"虚拟惯性",是用于表示改善直流微电网的惯量和消除直流母线电压波动特性的量,文中提出的直流微电网虚拟惯性控制策略是通过设计的虚拟动力学方程(5-37),产生 Buck-Boost 变换器的输出母线电压参考,从而实现系统的控制,本质上是一种改善系统性能的控制算法,而与实际的物理系统无一一对应关系。

5.4.3　电压误差控制器设计

　　为满足 Buck-Boost 变换器的"即插即用"要求,在将变换器接入微电网公共耦合点(Point of Common Coupling, PCC)之前,Buck-Boost 变换器的输出电压应与 PCC 电压相同。直流微电网中,微源接入需要电压幅值满足要求。设计的电压误差控制方案如图 5-5 所示。

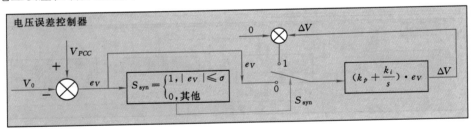

图 5-5　电压误差控制器原理图

电压误差纠正项通过 PI 控制器按如下方式产生

$$\Delta V = \left(k_p + \frac{k_i}{s}\right)e_v \tag{5-38}$$

式中　k_p 和 k_i——PI 控制器参数；

　　　　e_V——PCC 和 Buck-Boost 变换器间电压误差，V，可表示为下式

$$e_V = V_{PCC} - V_0 \tag{5-39}$$

根据式(5-35)，当 Buck-Boost 变换器与其他变换器并联时，电压误差纠正项可能会影响变换器的均流。因此，在 Buck-Boost 变换器接入 PCC 后，应将误差纠正项 ΔV 调整为零，为此，设计如式(5-40)所示的接入开关，当满足接入条件时，通过切换 PI 控制器输入信号，可以顺利地实现上述过程。

$$S_{syn} = \begin{cases} 1 & |e_V| \leqslant \sigma \\ 0 & \text{其他} \end{cases} \tag{5-40}$$

式中　σ——PCC 和 Buck-Boost 变换器间允许的电压差。

设计的电压误差控制器原理如图 5-5 所示。

如果满足同步条件，则可以关闭变换器和 PCC 之间的开关，即式(5-40)中 $S_{syn}=1$。设计的串级控制原理如图 5-6 所示。

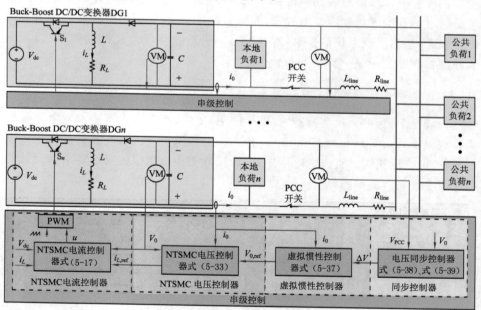

图 5-6　串级控制原理图

5.5 实验验证

为验证提出控制策略的可行性与稳定性,建立了如图 5-7 所示的硬件实验系统,实验原理如图 5-8 所示,硬件配置框图及电路连接如图 5-9 所示。

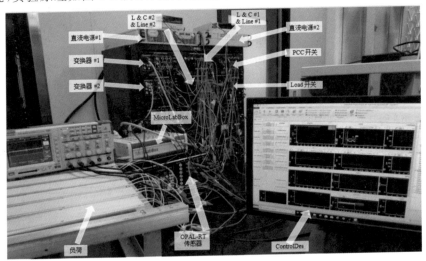

图 5-7 硬件实物示意图

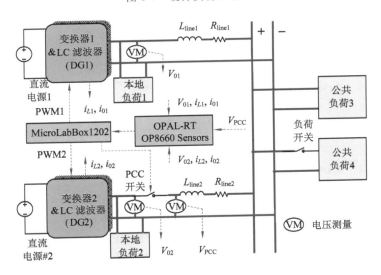

图 5-8 直流微电网系统拓扑图

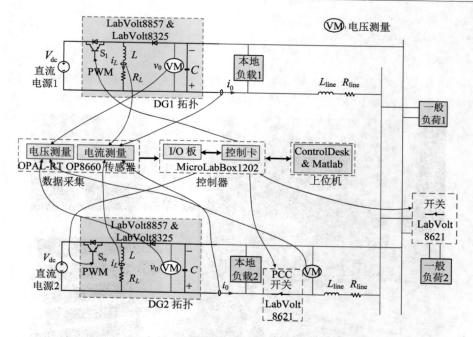

图 5-9　硬件配置框图及电路连接

直流微电网主要由 dSPACE1202 控制器、Control Desk & Matlab 上位机、OPAL-RT OP8660 Sensors 箱、两个本地负荷、两个公共负荷、两个 Buck-Boost 降压-升压变换器及相关电路组成，相关参数如表 5-1 所示。

表 5-1　系统参数

参数符号	参数值	参数说明	参数符号	参数值	参数说明
V_{dc}	60.0 V	直流电压源	C	210.0 μF	电容值
L	5.7 mH	电感值	f_{sw}	10.0 kHz	PWM 开关频率
R_L	0.4 Ω	电阻值	f_{sam}	10.0 kHz	电压/电流采样频率
P_{nom1}	300.0 W	DG1 额定功率	P_{nom2}	150.0 W	DG2 额定功率

实验中，LabVolt8857（IGBT 变换器）和 LabVolt8325（电感/电容）组成两个 Buck-Boost 降压-升压变换器，利用 OPAL-RT OP8660 数据采集系统将采集的高电压、大电流信号转换为低电压、小电流信号，然后送入 MicroLabBox 1202 控制系统，应用 MicroLabBox 1202 建立控制系统，并且 MicroLabBox 1202 可以和上位机软件 ControlDesk 时时通信，ControlDesk 用于人机交互，时时显示

测量的数据并可以设计相关参考信号、控制信号等（如开关信号、电压参考值），LabVolt8621 模块用作负载断路器和 PCC 断路器，由 MicroLabBox 1202 控制。在实验过程中，为防意外，设置了保护限值。

5.5.1 电压电流串级控制

本实验验证所提出的基于 NTSMC 的 Buck-Boost 变换器电压和电流串级控制策略，并与传统 PI 控制器的电压电流串级控制进行了比较。

一般来说，电流内环控制器的响应速度要比电压外环控制器快得多。因此，首先根据以下规则设计内环 NTSMC 电流控制器：

（1）因 $\eta_i > 0$，不失一般性，假设 NTSMC 电流控制器 η_i 为 1。

（2）根据式（5-18），系统的鲁棒性会随着 γ_i 的增加而增强，但 γ_i 的值越大，可能导致超调过大甚至抖振现象，设计 γ_i 时应折中考。

（3）为了消除稳态误差，适当设置 λ_i 的值（该值较小），将式（5-7）中的积分项作为主导项。

（4）设计 ρ_i 和 φ_i 的值时，需要综合考虑控制系统的暂态性能和稳态性能。

（5）采用试凑法设计 α_i 与 β_i 的值，且应满足式（5-8）的约束。为使 α_i、β_i 取值过程更清晰，根据式（5-8）约束，将 α_i、β_i 和 $2-\alpha_i/\beta_i$ 允许的可能值列于表 5-2。

表 5-2　α_i、β_i 和 $2-\alpha_i/\beta_i$ 允许的可能值

α_i 值	β_i 值	$2-\alpha_i/\beta_i$ 值
5	3	1/3
7	5	3/5
9	5	1/5
9	7	5/7
11	7	3/7
11	9	7/9
13	7	1/7
13	9	5/9
13	11	9/11
...	...	...

根据式(5-8)约束和表 5-2 知,$0<2-\alpha_i/\beta_i<1$ 为一真分数,分子和分母都是正整数且为奇数。因此,无论电流误差是正值还是负值,$e_i^{(2-\alpha_i/\beta_i)}$ 将永远不会是复数,这为计算带来方便。

NTSMC 电压控制器参数设计过程类似于电流控制器。基于上述步骤,所提出的 NTSMC 控制器的参数如表 5-3~表 5-6 所示。

表 5-3　电流控制器参数

符号	α_i	β_i	λ_i	ρ_i	η_i	γ_i	ψ_i
值	9.00	7.00	2.30×10^{-4}	4.40×10^{6}	1.00	8.77×10^{2}	1.00×10^{3}

表 5-4　电压控制器参数

符号	α_v	β_v	λ_v	ρ_v	η_v	γ_v	ψ_v
值	9.0	7.0	4.2×10^{-4}	2.4×10^{5}	1.0	9.5×10	1.0×10^{2}

表 5-5　虚拟惯性控制器参数

符号	C_{v1}	C_{v2}	D_1	D_2	R_{v1}	R_{v2}
值	200.000 μF	100.000 μF	0.050	0.025	2.000 Ω	4.000 Ω

表 5-6　电压误差控制器参数

符号	k_p	k_p	δ
取值	0.1	30.0	0.1

电流 PI 控制器带宽要远低于变换器开关频率 f_{sw},设计为 $f_{sw}/10=1\ 000$(Hz);电压 PI 控制器带宽要远低于电流 PI 控制器,设计为 $1\ 000/10=100$(Hz);根据设计的电压和电流控制带宽,通过 Simulink PID 自调谐工具箱获取 PID 参数。

参考电压和负荷设计为:① $t=0\sim2$ s,电压输出为 0 V;② $t=2\sim4$ s,电压输出为 40 V;③ $t=4\sim6$ s,电压输出为 60 V;④ $t=6\sim8$ s,电压输出为 80 V;⑤ $t=8$ s,负荷从 150 Ω 变为 60 Ω;⑥ $t=10$ s,负荷从 60 Ω 变为 150 Ω。

图 5-10 给出参考电压和负载变化时,基于 PI 串级控制策略和基于 NTSMC 串级控制策略的响应曲线。

如图 5-10(a)所示,系统在两种控制策略下,输出电压都能跟踪参考电压,在负载变化条件下,电压都无降落,能稳定在参考电压值。负载不变情况下,在参考电压发生跃变时,提出的串级控制策略和基于 PI 串级控制策略表现出相似的响应速度,两种控制器输出电压的动态特性几乎相同,总体差别不大,原因是硬

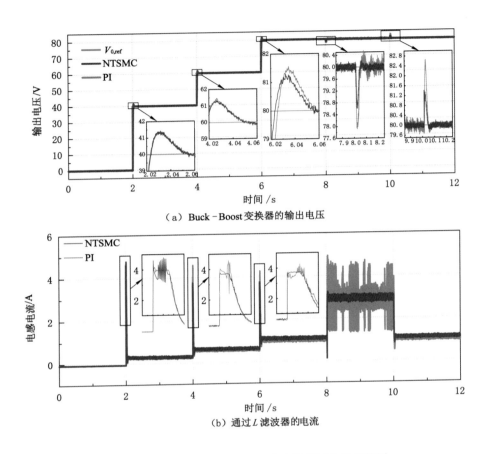

（a）Buck-Boost 变换器的输出电压

（b）通过 L 滤波器的电流

图 5-10　PI 串级控制和 NTSMC 串级控制性能比较图

件系统安全保护的需要,将流过电感的电流限制在其允许的最大值范围内(4 A 以内),但 PI 控制器的超调量大于 NTSMC 控制器的超调量;负载变化条件下,引起的电压超调量虽然都在合理范围内,但 PI 控制器的超调量大于 NTSMC 控制器的超调量,前者几乎是后者的两倍。图 5-10(b)所示为电压发生变化和负载发生变化时对应的电流曲线,从图中可以看出,基于 PI 控制的电流超调量明显大于基于 NTSMC 控制器的超调量,并且,当负载较重时(负载为 60 Ω, $t =$ 6～8 s),基于 NTSMC 串级控制策略的电压和电流纹波较低。因此,NTSMC 控制策略对参考电压变化和负载变化具有良好的暂态和稳态性能。

　　综上所述,基于 NTSMC 的控制策略比常规 PI 控制策略具有更好的瞬态和稳态性能。

5.5.2 基于虚拟惯性的电压和电流串级控制

本实验验证了基于虚拟惯性控制的 Buck-Boost 变换器电压和电流串级控制策略的控制性能。为更好地体现本控制策略的控制性能,设计了如下四种不同的控制策略:① 基于 VIC 控制和 NTSMC 控制的电压电流串级控制策略(称为 NTSMCVIC);② 基于 Droop 控制和 NTSMC 控制的电压电流串级控制策略(称为 NTSMCDroop);③ 基于 Droop 控制和 PI 控制的电压电流串级控制策略(称为 PIDroop);④ 基于 VIC 控制和 PI 控制的电压电流串级控制策略(称为 PIVIC)。

一般情况下,虚拟惯性控制策略响应速度比内环电压和电流控制器慢得多,根据最大输出电流和容许的电压值,设计阻尼系数 D_1、D_2,R_{v1} 和 R_{v2} 的参数。对于电压同步控制回路,δ 的设计应考虑涌流的影响。根据以上约束,权衡系统稳定性和响应速度,本书设计的 VIC 控制器参数如表 5-5 所示。

在设计 VIC 控制策略中,参数 C_{v1} 在虚拟惯性和系统响应速度之间具有重要作用,为研究 C_{v1} 不同取值对系统响应速度的影响,假定其他条件不变,C_{v1} 分别取 20 μF、100 μF、200 μF、400 μF、1 000 μF 和 5 000 μF 的值时,DG1 在 VIC 控制策略情况下的输出电压瞬态响应曲线如图 5-11 所示。

从图中可以看出,DG1 的虚拟惯性随着 C_{v1} 的增大而增大。然而,随着 C_{v1} 的增加,当负载变化时,输出电压达到新的稳定状态需要更长的时间,这也意味着所提出的 VIC 控制策略的响应速度较慢。需要说明的是,除了所提出的 VIC 控制策略外,通常还设计外环经济调度(ED)以恢复直流母线电压到其额定值,这在第 6 章给予讨论。所提出的 VIC 控制策略相对外环控制器应设计得足够快,以响应由外环控制器(即 ED 和 AGC)生成的指令,因此,本书取 $C_{v1}=200$ μF,在虚拟惯性和 VIC 控制系统响应速度之间进行了很好的折中。由于 DG2 的额定功率是 DG1 额定功率的一半,因此,取 $C_{v2}=100$ μF 以匹配其容量。

图 5-12 给出了负载变化情况下,四种不同控制策略的电压电流变化曲线。

$t=8$ s 时,荷载从 150 Ω 变为 100 Ω;$t=10$ s 时,荷载从 100 Ω 变为 150 Ω。如图 5-12 所示,负载突变时,NTSMCVIC 控制策略超调较小,并且为维持母线电压稳定,提供的惯性最大。

5.5.3 接入同步控制与并联运行

Buck-Boost 变换器接入微电网过程中同步控制策略性能及两个 Buck-Boost 变换器并联运行时 NTSMVIC 控制策略的控制性能如图 5-13 所示。

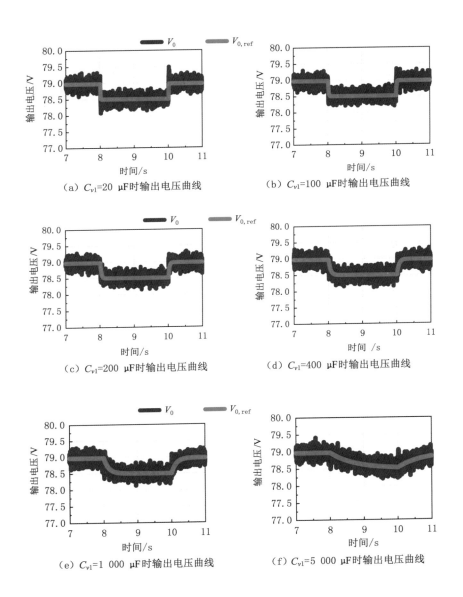

图 5-11　不同 C_{v1} 值条件下，NTSMCVIC 串级控制输出电压瞬态响应曲线

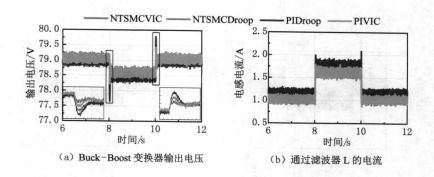

（a）Buck-Boost 变换器输出电压　　　　（b）通过滤波器 L 的电流

图 5-12　负载变化时，NTSMCVIC、NTSMCDroop、PIDroop 和 PIVIC 性能比较

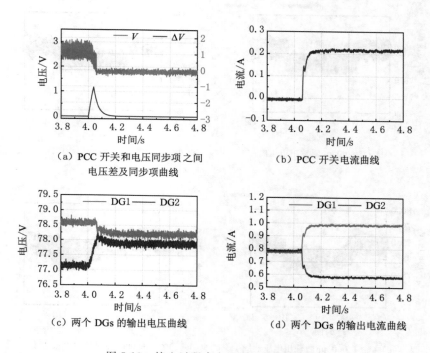

（a）PCC 开关和电压同步项之间　　　　（b）PCC 开关电流曲线
　　　电压差及同步项曲线

（c）两个 DGs 的输出电压曲线　　　　（d）两个 DGs 的输出电流曲线

图 5-13　接入过程中电压误差控制策略性能

　　$t=4$ s 时，准备通过启用电压误差控制策略将第二个 Buck-Boost 变换器（DG2）接入 PCC；$t=4\sim4.06$ s 时间内，DG2 的输出电压与 PCC 电压调整至相同；$t=4.06$ s 时，满足电压相同条件，DG2 接入。为不影响与其他 DG 的均流能力，

DG2 接入 PCC 后,应将电压误差控制项调整为零。如图 5-13(a)所示,DG2 接入后,电压误差控制项 ΔV 平滑地调整到零。同步过程中,流过的开关电流如图 5-13(b)所示,电流响应曲线平滑。同步过程后,由于两个 DGs 之间导线电阻影响,DG1 和 DG2 存在误差,但电压非常接近,电压差非常小(<1 V),如图 5-13(c)所示。当两个 DGs 并联运行时,它们的输出电流被适当地共享,如图 5-13(d)所示。

图 5-14 给出了当负载变化时,两个 DGs 并联工作时的输出电压和电流实验结果。如图所示,在不同负载条件下,在两个并联运行 DGs 之间可以适当地分配电流以满足负载需求,并且负载变化过程中输出电压瞬态无超调,同样,由于导线电阻的差异,两者输出电压存在误差。

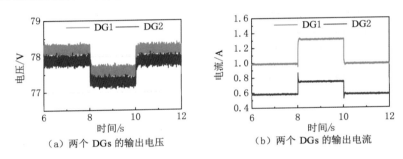

（a）两个 DGs 的输出电压　　（b）两个 DGs 的输出电流

图 5-14　负载变化条件下,DG 并联工作时 NTSMCVIC 策略性能

图 5-15 给出了断开 DG1 时的实验结果。

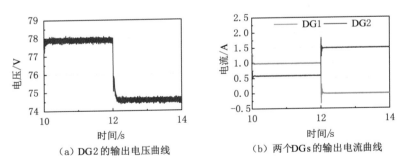

（a）DG2 的输出电压曲线　　（b）两个 DGs 的输出电流曲线

图 5-15　断开 DG1 时,NTSMCVIC 控制策略的曲线

图 5-15(a)显示,DG2 输出电压有跌落,这是由于 DG2 电压采用虚拟惯性控制,为满足负载需求造成的;图 5-15(b)显示,为维持负载需求,DG2 的输出电流增加。但不管是 DG2 的电压跌落还是电流增加,输出电压和输出电流都过渡

平滑,未出现超调现象,说明提出的控制策略能够满足 Buck-Boost 变换器"即插即用"的要求。

为验证 Buck-Boost 变换器在不同开关频率情况下,NTSMCVIC 控制策略的性能,实验中,设定 DG1 开关频率为 10 kHz,DG2 开关频率为 11 kHz。变换器接入微电网过程中的性能如图 5-16 所示。

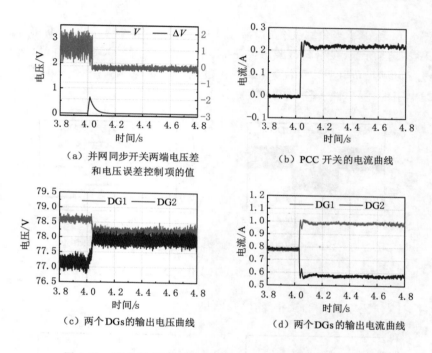

（a）并网同步开关两端电压差
和电压误差控制项的值

（b）PCC 开关的电流曲线

（c）两个 DGs 的输出电压曲线

（d）两个 DGs 的输出电流曲线

图 5-16　开关频率不同时,NTSMCVIC 策略的 DGS 控制性能

显然,Buck-Boost 变换器中开关的开断时间序列不同步,可以更精确地模拟直流微电网系统并联运行 DGs 的实际情况。比较图 5-16 和图 5-13 可以看出,在其他条件不变的情况下,开关频率不同,在 NTSMCVIC 控制策略下,除了对可以忽略的高频电流有影响外,NTSMCVIC 控制策略可以抑制不同变换器开关频率对系统的不利影响。

综上所述,本书提出的串级控制策略,能够很好地满足 Buck-Boost 变换器在直流微电网系统中相关控制要求。由于所提出的 VIC 控制方法和电压误差控制方法仅为内部电压控制回路产生参考电压,因此,本书提出的方法可应用于直流微电网中其他类型并联 DC/DC 变换器的控制。

5.6　本章小结

针对 Buck-Boost 型 DC/DC 变换器的并联运行,提出了一种基于 NTSMC 的电压和电流串级控制策略,设计了 DC/DC 变换器接口 DGs 惯性的 VIC 控制器,增加了系统的鲁棒性;设计了一种能够满足 Buck-Boost 变换器"即插即用"要求的电压误差控制器。采用两个并联 Buck-Boost 变换器的直流微电网硬件实验系统,验证了该控制策略的有效性和改进性能。

6 直流微电网分布式一致性最优电压协调控制

6.1 引言

直流微电网接口控制中,通常采用下垂控制方法调节分布式发电微源的输出电压[164]。传统的下垂控制方法存在如下缺点:

(1)与交流微电网中的无功功率共享相似,由于导线电阻的电压降,电流共享精度降低;

(2)存在直流母线电压误差,并随负荷需求而变化。

针对上述问题,采用集中控制策略,通过中央控制器与微电网中的所有分布式发电微源通信,可提高共享精度、消除母线电压误差。但集中解决方案需要采集全局信息和处理大量数据,且对单点故障敏感。文献[165]在不考虑直流微电网全局母线电压调节的情况下,提出了分布式控制策略来处理上述问题,该方法只需要本地信息或有限通信,通过电流调节器估计微电网功率不平衡,采用自适应下垂控制优化协调直流微电网的功率分配,但未考虑经济调度问题。为解决分布式电力系统的分布式经济调度问题,文献[166]通过设置主智能体计算控制目标的方法,提出基于一致性的控制方案,较好地解决了经济调度问题,但主智能体解决方案使算法具有集中控制性质,丧失分布式控制的部分功能[167]或需要事先集中或分散地获取联络线的负荷需求和交换功率。

而且,为解决经济分配(Economic Power Dispatch,EPD)问题在优化过程中的功率失配可能引起的系统振荡,大多数分布式 EPD 算法因功率不平衡需要负荷节点和不可控发电微源节点的信息,这些需要设计具有通信能力的节点网络[168]。

针对以上问题,本部分提出了一种直流微电网母线电压分布式一致性控制方案。以下垂控制为基础,在每台分布式发电微源上增加了一个本地功率控制器校正项和一个本地电压控制器校正项,以实现负荷经济分担和全局母线电压调节。功率控制器将分布式 EPD 算法产生的参考指令与分布式发电微源本地输出功率进行比较,产生第一个电压校正项,通过在所有参与的分布式发电微源中最优地分担负荷需求,克服传统下垂控制的局限,降低直流微电网的运行成本。电压控制器通过将额定直流母线电压值与所提出的分布式平均母线电压发掘(Average Bus Voltage Observation,ABVO)算法产生的平均母线电压进行比较,生成第二个电压校正项,从而实现直流微电网的全局母线电压调节。功率控制器和电压控制器是基于分布一致 EPD 算法和本章提出的ABVO 算法生成的,由于可以在所有并行工作的 DGs 之间分配计算和通信负担,与集中式解决方案相比,本分布式解决方案更加灵活、可扩展,并且能够抵御单点故障。

6.2　直流微电网下垂控制方法研究

直流微电网通常使用下式所示的电压-电流下垂控制方法调节变换器接口的输出电压[164]

$$v_i^* = v_{0i} - i_i m_i \tag{6-1}$$

式中　　i——下垂控制分布式微源索引号;

　　　　v_i^*——直流母线输出电压参考值,V,该值发送到第 i 个分布式发电微源内部电压控制环;

　　　　v_{0i}——直流母线电压当前值,V;

　　　　i_i——变流器输出电流,A;

　　　　m_i——第 i 个分布式发电微源下垂系数,Ω。

从式(6-1)可以看出,下垂系数对输出影响比较大,影响系统的稳定性和均流精度。随着下垂系数增大,均流精度提高,电压偏差增大[169];下垂系数减小,电压偏差减小,但均流精度降低。因此,选择下垂系数值时,需要平衡均流精度和电压偏差之间的矛盾。

图 6-1 所示为直流微电网中分布式发电微源变换器接口传统控制原理图。从图中可以看出,传统控制原理图中包括下垂控制器和内部电压电流控制器,下垂控制提供电压控制需要的参考电压,与测得的电压进行比较后其误差作为电压控制器的输入,在电压控制器的作用下,电流控制的参考输入得到调整,电流误差在电流控制器的作用下,控制信号 PWM 得到调节,进而实现相关输出量的控制。

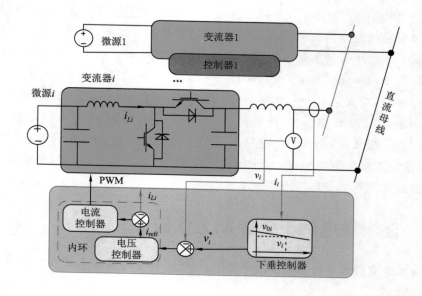

图 6-1　直流微电网中分布式发电微源变换器接口控制原理图

6.3　最优母线电压控制策略研究

为克服传统下垂控制缺点,本部分提出了一种最优母线电压控制方法,如图 6-2所示。

第 i 个分布式发电微源本地控制器电压参考指令可表示为

$$
\begin{cases}
v_i^* = v_{0i} - i_i m_i + \delta v_{i,1} + \delta v_{i,2} \\
\delta v_{i,1} = \left(k_{p1} + \dfrac{k_{i1}}{s}\right)(P_{\mathrm{refi}} - P_i) \\
\delta v_{i,2} = \left(k_{p2} + \dfrac{k_{i2}}{s}\right)(v_{\mathrm{nom}} - \bar{v})
\end{cases}
\tag{6-2}
$$

式中　　i——分布式发电微源索引号;

$\delta v_{i,1}$、$\delta v_{i,2}$——第 1 个、第 2 个电压校正项,V;

k_{p1}、k_{i1}、k_{p2}、k_{i2}——电压修正项 PI 控制器参数;

P_{refi}——EPD 算法产生的功率参考值,kW;

P_i——测量的本地有功功率,kW;

v_{nom}——直流母线电压当前值,V;

$\bar{v}$——ABVO 算法产生的平均母线电压,V。

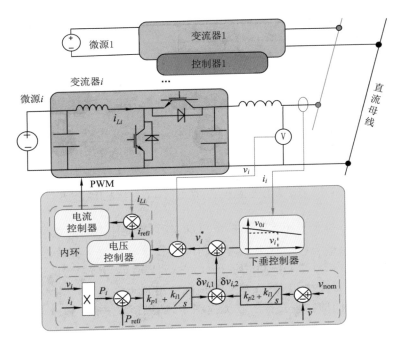

图 6-2 直流微电网最优母线电压控制原理图

如图 6-2 所示,在传统下垂控制的基础上,分别增加了 $\delta v_{i,1}$ 和 $\delta v_{i,2}$ 两部分校正项,形成本章所提出的控制策略,$\delta v_{i,1}$ 和 $\delta v_{i,2}$ 分别提供经济的负荷共享和全局母线电压控制。利用所提出的控制方式,可同时实现全局母线电压调节和经济功率分配。$\delta v_{i,1}$ 通过 PI 控制器产生,而 P_{refi} 通过 EPD 算法分布式获得。因此,通过与各相邻分布式发电微源的分布式协作,所有分布式发电微源都可以根据各分布式发电微源的发电成本在 EPD 状态下运行。同样,$\delta v_{i,2}$ 通过 PI 控制器产生,而 $\bar{v}$ 通过 ABVO 算法分布式获得,因此,可以通过与每个相邻分布式发电微源的分布式协作消除母线电压偏差。

6.4　分布式一致性 EPD 算法和 ABVO 算法研究

基于智能体的分布式直流微电网控制架构如图 6-3 所示。直流微电网中的每一个分布式发电微源都配有一个智能体,该智能体具有获取本地分布式发电微源信息、实现 EPD 和 ABVO 算法的功能,通过与相邻的智能体交换数据信息并生成电压校正项。

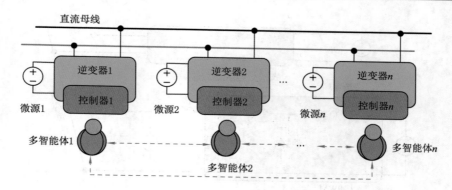

图 6-3　基于多智能体的直流微电网分布式控制体系结构

在图 6-3 中,每个智能体都用一个顶点表示,智能体之间的通信链接用边表示,因此直流微电网系统可表示为一个网络物理系统。为了有效地建立直流微电网的通信拓扑模型,将 $G=(V,E)$ 表示为一个带有 (V,E) 对集的图,其中,$V=\{1,2,\cdots,n\}$ 是通过一组边 $E\subseteq V\times V$ 连接的一组顶点。通信链路不需要具有与其直流微电网相同的物理拓扑。在无向图中,如果顶点 i 和 j 包含 i 和 j 之间的路径,则称其为连接。当且仅当任意两个顶点之间存在至少一条路径,则称图 G 为连通图。直流微电网通信拓扑设计满足第 2 章相关定理。

重写 2.3.3 定义的连通图 G 关联矩阵 $\boldsymbol{D}\in\mathbf{R}^{n\times n}$ 的元素 $d_{i,j}$ 如下[168]

$$d_{i,j}=\begin{cases}\dfrac{2}{(n_i+n_j+\varepsilon)} & j\in N_i\\[3mm]1-\displaystyle\sum_{j\in N_i}\dfrac{2}{(n_i+n_j+\varepsilon)} & i=j\\[3mm]0 & \text{其他}\end{cases} \tag{6-3}$$

式中　n_i——包含与智能体 i 通信的所有智能体索引集;

　　　n_j——包含所有与智能体 j 通信的智能体索引集;

　　　ε——影响算法收敛速度的一个小数。

考虑下式所示的离散时间系统

$$u_i(k+1)=\sum_{j\in\{i,N_i\}}d_{i,j}u_i(k) \tag{6-4}$$

式中　$u_i(k)$——智能体 i 在第 k 步相关联的状态变量。

基于分布式一致性算法[81,104,116],式(6-4)满足

$$\lim_{k\to\infty}D^k\boldsymbol{\mu}=\mu_0\boldsymbol{I} \tag{6-5}$$

式中　$\boldsymbol{\mu}\in\mathbf{R}^{n\times 1}$——任意列向量;

　　　μ_0——实数;

$I \in \mathbf{R}^{n \times 1}$——所有元素为 1 的列向量。

根据式(6-5),每个智能体的所有状态变量将收敛到相同的值,该值取决于初始值。

考虑到定义 $d_{i,j}$,式(6-4)也具有下式性质

$$\sum \boldsymbol{D}^k \boldsymbol{\mu} = \sum \boldsymbol{\mu} \quad \forall k = 1, 2, \cdots, \infty \tag{6-6}$$

式(6-6)意味着在每次迭代过程中,离散时间系统式(6-4)中所有状态变量的总和保持不变。根据 $d_{i,j}$ 的定义,$\boldsymbol{D}$ 与智能体的通信拓扑结构及 ε 有关。因此,式(6-4)的收敛速度取决于智能体的通信拓扑结构和 ε 的值。

6.4.1　分布式一致性 EPD 算法研究

与交流微电网类似,在直流微电网中,多个具有不同发电成本函数的分布式发电微源,发电成本通常可由下式所示的二次函数来近似计算[170]。

$$C_i(P_i) = a_i P_i^2 + b_i P_i + c_i \tag{6-7}$$

式中　a_i, b_i, c_i——第 i 个分布式发电微源发电成本系数,均大于 0;

　　　P_i——第 i 个分布式发电微源的输出功率,kW。

根据式(6-7),第 i 个分布式发电微源的微增成本为 $2a_i P_i + b_i$,发电成本和微增成本都随着发电功率的增加而增加。因微增成本与发电功率成正比,所以发电成本随着发电功率的增加而增加,直到分布式发电微源达到其最大输出功率。

考虑到各分布式发电微源的发电量约束和功率平衡约束,可通过求解下式所表示的凸优化问题的解获得 EPD 的参考值。

$$\begin{cases} \min C = \sum_{i=1}^{n} (C_i P_i) \\ \text{s.t.} \underline{P_i} \leqslant P_i \leqslant \overline{P_i} \\ \sum_{i=1}^{n} P_i = P_{\text{Load}} \end{cases} \tag{6-8}$$

式中　P_i——第 i 个分布式发电微源的 EPD 的实测值,kW;

　　　$\underline{P_i}$ 和 $\overline{P_i}$——第 i 个 DG 发电功率的下限和上限,kW;

　　　P_{Load}——直流微电网负荷需求,kW;

　　　$i = 1, 2, \cdots, n$。

在集中控制中,采用传统的梯度下降算法或基于种群的优化算法[171]可以很容易地解决式(6-8)中的问题。

根据等微增成本准则[162],式(6-8)所表示的凸优化问题的解满足

$$
\begin{cases}
2a_iP_i + b_i = \lambda^* & \underline{P}_i \leqslant P_i \leqslant \overline{P}_i \\
2a_iP_i + b_i < \lambda^* & P_i = \overline{P}_i \\
2a_iP_i + b_i > \lambda^* & P_i = \underline{P}_i
\end{cases}
\tag{6-9}
$$

式中　λ^*——最佳微增成本。

假设所有分布式发电微源都没有发电限制。根据分布式一致性算法式(6-4)和等微增成本准则式(6-9),EPD的参考值可通过分布式EPD算法求解获得

$$
\begin{cases}
P_{\mathrm{ref}i}(0) = P_i(0) \\
\lambda_i^*(0) = 2a_iP_{\mathrm{ref}i}(0) + b_i \\
\lambda_i(k+1) = \displaystyle\sum_{j \in \{i, N_i\}} d_{i,j}\lambda_j(k) \\
P_{\mathrm{ref}i}(k+1) = \dfrac{1}{2a_i}\lambda_i(k+1) - \dfrac{1}{2a_i}b_i
\end{cases}
\tag{6-10}
$$

式中　$P_i(0)$——EPD算法开始时第 i 个分布式发电微源本地测量的输出功率,kW;

　　　$i = 1, 2, \cdots, n$。

在孤岛直流微电网中,所有发电微源的发电功率与负荷始终保持平衡,即 $\displaystyle\sum_{i=1}^{n} P_i(0) = P_{\mathrm{Load}}$ 。

根据等微增成本准则,如果式(6-10)所示的算法能收敛到式(6-8)所示的EPD问题的最优解,则应满足以下两个条件:

(1) 每个分布式发电微源的 λ_i 应收敛到相同的值;

(2) 应始终满足功率平衡约束。

基于上述两个条件,给出了算法(6-10)的收敛性和最优性分析。

(1) 每个分布式发电微源的 λ_i 收敛到相同值的问题

为分析上述算法的收敛性和最优性,将式(6-10)改写为以下紧凑形式

$$
\begin{cases}
\boldsymbol{P}_{\mathrm{ref}}(0) = \boldsymbol{P}(0) & \text{(6-11a)} \\
\boldsymbol{\lambda}(0) = \boldsymbol{A}\boldsymbol{P}_{\mathrm{ref}}(0) + \boldsymbol{B} & \text{(6-11b)} \\
\boldsymbol{\lambda}(k+1) = \boldsymbol{D}\boldsymbol{\lambda}(k) & \text{(6-11c)} \\
\boldsymbol{P}_{\mathrm{ref}}(k+1) = \boldsymbol{A}^{-1}\boldsymbol{\lambda}(k+1) - \boldsymbol{A}^{-1}\boldsymbol{B} & \text{(6-11d)}
\end{cases}
$$

其中,$\boldsymbol{P}_{\mathrm{ref}} = [P_{\mathrm{ref}1}, P_{\mathrm{ref}2}, \cdots, P_{\mathrm{ref}n}]^{\mathrm{T}}$,$\boldsymbol{P}(0) = [P_1(0), P_2(0), \cdots, P_n(0)]^{\mathrm{T}}$,$\boldsymbol{\lambda} =$

$[\lambda_1, \lambda_2, \cdots, \lambda_n]^{\mathrm{T}}, \boldsymbol{A} = \mathrm{diag}([2a_1, 2a_2, \cdots, 2a_n]), \boldsymbol{B} = [b_1, b_2, \cdots, b_n]^{\mathrm{T}}, \boldsymbol{A}^{-1} = \mathrm{diag}\left(\left[\dfrac{1}{2a_1}, \dfrac{1}{2a_2}, \cdots, \dfrac{1}{2a_n}\right]\right)$。

比较式(6-11c)和式(6-5)可知,基于分布一致性算法,λ 的所有元素都将收敛到相同的值,因此,算法式(6-10)满足条件(1)。

(2) 满足功率平衡约束问题

定义 $\Delta \boldsymbol{P}_{\mathrm{ref}}(k+1) = \boldsymbol{P}_{\mathrm{ref}}(k+1) - \boldsymbol{P}_{\mathrm{ref}}(k)$,根据式(6-6)、式(6-11c)和式(6-11d),必须满足下列条件

$$\sum \Delta \boldsymbol{P}_{\mathrm{ref}}(k+1) = \sum \boldsymbol{A}^{-1}\boldsymbol{D}\lambda(k) - \sum \boldsymbol{A}^{-1}\lambda(k) = 0 \quad \forall k = 1, 2, \cdots, \infty$$

(6-12)

在孤岛直流微电网中,所有分布式发电微源的发电功率和负荷功率始终保持平衡,因此,$P_{\mathrm{Load}} = \sum\limits_{i=1}^{n} P_i(0)$。 此外,根据式(6-11a),可以得出 $P_{\mathrm{Load}} = \sum P_{\mathrm{ref}}(0) = \sum P(0)$,每次迭代都必须满足功率平衡约束,算法(6-10)满足条件(2)。

综上所述,式(6-10)所示算法可以收敛到式(6-8)所示 EPD 问题的最优解。

基于以上分析,采用式(6-10)所示的分布式算法,可以分布式获取 EPD 的参考值。但式(6-10)中未考虑所有发电微源的发电限制,为了解决分布式发电系统的发电限制,将式(6-10)中所示的分布式 EPD 算法重新设计为

$$\begin{cases} P_{\mathrm{ref}i}(0) = P_i(0) \\ \lambda_i(0) = 2a_i P_{\mathrm{ref}i}(0) + b_i \\ e_i(0) = 0 \\ \lambda_i(k+1) = \sum\limits_{j \in \{i, N_i\}} d_{i,j}\lambda_j(k) + \xi e_i(k) \\ P_{\mathrm{ref}i}(k+1) = \psi(\lambda_i(k+1)) \\ e_i(k+1) = \sum\limits_{j \in \{i, N_i\}} d_{i,j}e_j(k) - [P_{\mathrm{ref}i}(k+1) - P_{\mathrm{ref}i}(k)] \end{cases}$$

(6-13)

其中,ξ 是影响式(6-13)收敛速度的学习速度,e_i 是反馈项,$i = 1, 2, \cdots, n$。$\psi(\cdot)$ 是如下所示分段函数

$$\psi_i(\lambda_i) = \begin{cases} \overline{P_i} & \lambda_i > \overline{\lambda}_i \\ \dfrac{1}{2a_i}\lambda_i(k+1) - \dfrac{1}{2a_i}b_i & \underline{\lambda}_i \leqslant \lambda_i \leqslant \overline{\lambda}_i \\ \underline{P_i} & \lambda_i \leqslant \underline{\lambda}_i \end{cases}$$

(6-14)

其中，$\overline{\lambda}_i = 2a_i \overline{P}_i + b_i$，$\underline{\lambda}_i = 2a_i \underline{P}_i + b_i$。

定义 $\boldsymbol{E} = [e_1, e_2, \cdots, e_n]^T$，$\rho = \mathrm{diag}([\rho_1, \rho_2, \cdots, \rho_n])$，如果 $\underline{\lambda}_i \leqslant \lambda_i \leqslant \overline{\lambda}_i$，$\rho_i = \dfrac{1}{2a_i}$，否则，$\rho_i = 0$，对应于式(6-14)中的三个条件。因此，可以根据式(6-13)导出以下矩阵形式。

$$\begin{bmatrix} \lambda(k+1) \\ E(k+1) \end{bmatrix} = \begin{bmatrix} \boldsymbol{D} & \xi\boldsymbol{I} \\ \boldsymbol{\rho}(1-\boldsymbol{D}) & \boldsymbol{D}-\xi\boldsymbol{\rho} \end{bmatrix} \begin{bmatrix} \lambda(k) \\ E(k) \end{bmatrix} = \boldsymbol{H} \begin{bmatrix} \lambda(k) \\ E(k) \end{bmatrix} \tag{6-15}$$

根据式(6-15)，如果 $\boldsymbol{H}$ 的一些特征值位于单位圆之外，则 EPD 算法将出现分叉而不稳定，因此，矩阵 $\boldsymbol{H}$ 的稳定条件是使 $\boldsymbol{H}$ 的特征值在单位圆内。

ρ_i 是与式(6-7)表示的成本函数的主导系数相关的一个变量，即与成本函数的系数 a_i 和相应分布式发电微源的发电功率约束相关。根据上述约束，如果 ρ_i 值是确定的，则不用重新设计。只有式(6-15)中的 ξ 和式(6-3)中的 ε 需要正确设计。虽然 ρ_i 可能影响式(6-15)的收敛速度，但如果参数 ξ 和 ε 设计得当，则可以保证式(6-15)的稳定性且具有一定的鲁棒性。因此，在不丧失一般性的情况下，假设至少有一个 ρ_i 非零，然后，适当地设计式(6-15)中的 ξ 和式(6-3)中的 ε，使 $\boldsymbol{H}$ 的特征值在单位圆内，式(6-13)中的 $P_{\text{ref}i}(k)$ 算法收敛到式(6-8)的最优解。式(6-13)所示的分布 EPD 的收敛速度取决于 $\boldsymbol{H}$ 的第二大特征值。根据该规则，可以适当地设计参数 ξ 和 ε 的值。

文献[169]提出的算法是基于一个强连通的通信图，学习增益是通过求解一个复杂的 LMI 问题来设计的，并且不考虑智能体失效情况下系统的鲁棒性和可扩展性。本章采用双向通信图，从理论上分析该算法的收敛速度与参数 ξ、ε 之间的关系，并通过计算 $\boldsymbol{H}$ 的特征值给出选择这些参数的规则。

对于分布式算法，由于计及导线电阻会显著影响计算耗时[172]，为降低问题复杂性，所以本部分 EPD 算法不考虑导线电阻。此外，与直流微电网中的分布式小型发电单元和分布式负荷相比，直流微电网通常具有较大的线路容量，为了提高算法的速度，也不考虑导线电流约束。

6.4.2 分布式一致性 ABVO 算法研究

为提供全局母线电压调节，设计了一种 ABVO 算法来获取直流微电网的平均母线电压。基于式(6-4)所示的分布式一致性算法，分布式 ABVO 算法设计为

$$\begin{cases} \overline{v}_i(0) = v_i(0) \\ \overline{v}_i(k+1) = \sum_{j \in \{i, N_i\}} d_{i,j}(k) \overline{v}_j(k) \end{cases} \tag{6-16}$$

式中　$v_i(0)$——在每个采样时间间隔内，ABVO 算法开始时第 i 个分布式发电微源母线电压的本地测量值，V；

　　　$\overline{v}_i(k)$——第 i 个智能体在第 k 次迭代时发掘的平均母线电压，V；

　　　k——迭代次数。

ABVO 算法与相邻智能体通信更新相应信息后完成一次迭代。

为分析上面的算法，重写式(6-16)如下

$$\begin{cases} \overline{\boldsymbol{V}}(0) = \boldsymbol{V}(0) \\ \overline{\boldsymbol{V}}(k+1) = \boldsymbol{D}\,\overline{\boldsymbol{V}}(k) \end{cases} \tag{6-17}$$

其中，$\overline{\boldsymbol{V}} = [\overline{v}_1, \overline{v}_2, \cdots, \overline{v}_n]^{\mathrm{T}}$，$\boldsymbol{V} = [v_1, v_2, \cdots, v_n]^{\mathrm{T}}$。

根据式(6-5)和式(6-6)所示的分布式一致性算法的性质，$\overline{\boldsymbol{V}}$ 的所有元素将收敛到相同的值，并且在每次迭代过程中保留 $\overline{\boldsymbol{V}}$ 的所有元素之和。因此，所有智能体都将通过所提出的 ABVO 算法以分布式方式获得直流微电网的平均母线电压。

与分布式 EPD 算法类似，式(6-17)所示分布式 ABVO 算法的收敛速度取决于 $\boldsymbol{D}$ 的第二大特征值，根据该规则，可以适当地设计参数值 ε。

6.5　算法实现

图 6-4 为基于智能体的直流微电网 EPD 和 ABVO 算法详细配置和实现原理图。每个智能体具有从其本地分布式发电微源获取信息的功能（输出有功功率、本地母线电压、发电成本系数和本地发电限制等），通过与相邻智能体交换数据信息实现 EPD 和 ABVO 算法，并生成电压校正项。如图 6-4 所示，智能体通信网络拓扑结构可以独立设计，不一定与直流微电网的物理拓扑结构完全相同，只需要通信网络设计为连接即可。因此，本章提出基于智能体通信网络的 EPD 和 ABVO 算法，只要通信网络拓扑结构设计合理，就可以应用于不同物理类型的微电网。

EPD 和 ABVO 算法实现如图 6-5 所示，控制间隔和采样间隔设置为 0.1 s，在每个控制间隔(0.1 s)期间，EPD 和 ABVO 算法执行过程如下：

首先，使用本地测量信息（即输出功率 P_i 和本地额定电压 v_i）初始化；

然后，使用上述初始值执行 EPD 和 ABVO 算法，直到这些算法收敛（这些算法收敛所需的时间通常小于 0.1 s）；

最后，使用 $P_{\mathrm{ref}i}$ 和 $\overline{v}_i$ 信息更新控制，随后重复上述过程。

所提出的母线电压控制和分布式 EPD 是二次控制，二次控制器的响应速度

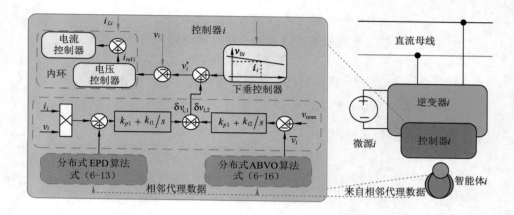

图 6-4　基于智能体的直流微电网 EPD 和 ABVO 算法详细配置和实现原理图

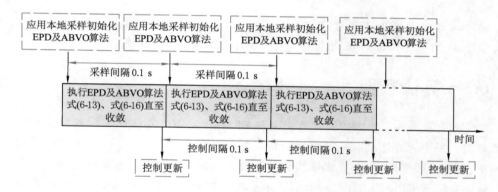

图 6-5　控制算法的实现

比一次控制器(即下垂控制器、电压控制器和电流控制器)慢得多。此外,功率参考值 $P_{\text{ref}i}$ 和平均额定电压 $\bar{v}_i$ 的更新频率也比一次控制更新频率慢,这是在算法实现时需要考虑的一个问题。

　　根据式(6-13)所提出的 EPD 算法,用其相应的分布式发电微源的本地测量输出功率[即 $P_i(0)$]对其(即 $P_{\text{ref}i}$)进行初始化,当 EPD 算法收敛时,始终满足功率平衡。选择 V_{nom} 作为额定直流母线电压,利用所提出的 ABVO 算法获取平均母线电压作为电压反馈,并进行低频更新。当负荷波动时,每个 DG 的输出电压和功率将由一次控制器立即调节,二次控制器将根据所提出的 EPD 算法和 ABVO 算法,在更大的采样时间步长内更新其功率参考值和平均额定电压。在每个采样间隔中,由于 P_{refi} 用 $P_i(0)$ 初始化,$\bar{v}_i(0)$ 用 $v_i(0)$ 初始化,负荷和电压波动的影响将转移到二次控制。基于一次、二次控制器的反馈控制,直流微电网可以在所有参与的发电微源中经济地分配负荷需求,同时实现全局母线电压调节。

为了提高 EPD 算法和 ABVO 算法在智能体失效或通信链路故障情况下的鲁棒性,本书采取了以下策略:

(1) 通信拓扑设计满足 $N-1$ 规则,即如果任何一个通信链路出现故障,微电网的任意两个智能体仍将保持连接;

(2) 每个智能体定期向其相邻智能体发送心跳包探测消息(包括时间戳和必要的状态信息),并根据式(6-3)更新 $d_{i,j}$。这些探测消息允许智能体知道哪些相邻智能体可用和可访问,并且能处理潜在的通信拓扑结构变化。

从上可以看出,所提出的 EPD 和 ABVO 算法可以分布式实现,因为每个智能体只需要与其相邻智能体进行通信并获取本地信息。在没有中央控制器的情况下,所提出的算法可以分担智能体间的计算和通信负担,与传统集式算法相比更加灵活,可扩展性更好。

6.6　仿真研究

由于本章所提出的直流微电网多时间尺度、多智能体通信框架的控制和优化极为复杂,使得实验硬件成本高昂,无法构建,对于这样一个复杂的微电网系统,通常采用基于仿真的评估和研究[173]。本部分利用 MATLAB 建立直流微电网虚拟实验系统对性能进行评估,为保证仿真结果与实际的实验结果吻合,本部分采用了以下措施:

(1) 用暂态仿真代替稳态仿真,相信瞬态仿真可以适当地取代硬件实验[170];

(2) 用详细的直流变换器切换模型代替平均模型;

(3) 在瞬态仿真环境中,基于智能体的通信系统和控制系统集成处理。

研究表明,通过以上措施,可以保证这些详细的仿真结果与实际实验结果非常接近。

如图 6-4 所示,设计的分布式经济调度和最优母线电压控制策略与直流微电网下垂控制相结合。用于测试的直流微电网包含 5 个分布式发电微源,其拓扑结构如图 6-6 所示,分布式发电微源参数如表 6-1 所示。

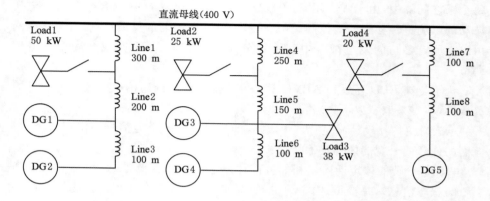

图 6-6　直流微电网测试的拓扑结构

表 6-1　分布式发电微源参数

微源及智能体编号	相邻智能体编号	a_i /\$ (kW² · h)⁻¹	b_i /\$ (kW · h)⁻¹	c_i /\$ h⁻¹	m_i /V · A⁻¹	功率范围 /kW
1	2,3	0.000 1	0.042	0.25	0.153 3	[0,60]
2	1,4	0.000 1	0.050	0.42	0.766 7	[0,12]
3	1,4,5	0.000 1	0.044	0.35	0.241 0	[0,40]
4	2,3,5	0.000 1	0.048	0.45	0.321 3	[0,30]
5	3,4	0.000 1	0.047	0.33	0.064 0	[0,20]

假设输电线的电阻为 0.325 Ω/km[171]。输电线路的长度和负荷需求如图 6-6所示。PI 控制器的调整考虑了以下两个方面：① 一次控制器的响应速度；② 由 EPD 和 ABVO 算法分配的二次控制参考命令更新速度或频率，算法实现如图 6-5 所示。

根据以上原则，PI 控制器参数选择满足以下要求：

首先，要保证 PI 控制器的响应速度足够快，以便跟踪参考命令；

其次，二次控制器的响应速度应比一次控制器慢。

根据上述规则，可以方便地调整 PI 控制器的参数，以获得良好的性能。其实，这些 PI 控制器也可以使用一些群智能算法进行调整[174]，虽然这些算法可以提高 PI 控制器的性能，但它们很复杂且耗时。

图 6-4 中所示的 PI 控制器也可以被一些其他控制器取代，例如自适应状态空间预测控制器[175]、分数阶 PID 控制器[176]、H_2/H_∞ 控制器[80]和基于神经网络

的控制器[56]。然而,本章的主要工作是设计和开发分布式 EPD 和 ABVO 算法,并在今后的工作中考虑优化和替代 PI 控制器。

6.6.1　算法收敛性测试

分布式 EPD 和 ABVO 算法收敛速度分别由式(6-15)中 $\boldsymbol{H}$ 的第二大特征值和式(6-17)中 $\boldsymbol{D}$ 的第二大特征值决定,根据这个规则,参数 ξ 和 ε 分别设计为 $\xi=3.73\mathrm{e}^{-5}$ 和 $\varepsilon=2.41$ 能很好地满足要求。

测试系统中相邻智能体编号如表 6-1 所示。假设图 6-6 所示直流微电网初始状态为 $\boldsymbol{P}_{\mathrm{ref}}(0)=[120,0,0,0,0]^{\mathrm{T}}(\mathrm{kW})$、$\bar{\boldsymbol{v}}(0)=[420,400,380,396,410]^{\mathrm{T}}$ (V),则负荷总需求为 120 kW,平均母线电压为 $(420+400+380+396+410)/5=401.2(\mathrm{V})$,提出的 EPD 和 ABVO 算法收敛性测试结果如图 6-7 所示。

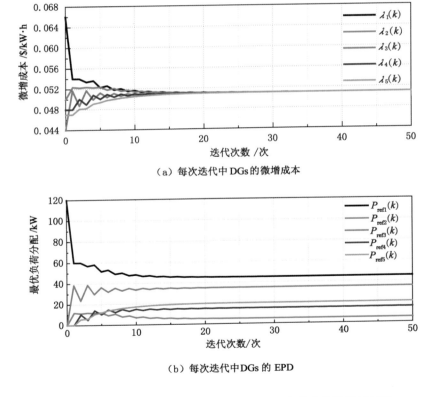

（a）每次迭代中 DGs 的微增成本

（b）每次迭代中 DGs 的 EPD

图 6-7　两算法在含有 5 个 DGs 的直流微电网中的收敛性测试结果

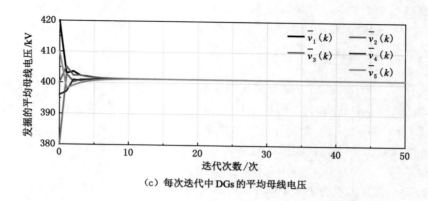

（c）每次迭代中DGs的平均母线电压

图 6-7（续）

　　每次迭代过程中，各个 DGs 的微增成本如图 6-7（a）所示，在经过有限迭代次数（20 次）之后，各个 DGs 的微增成本最终趋于一致，收敛到最优值 $\lambda^* = 0.051$。从图中还可以看出，每个 DG 的收敛速度不同，这是因为每个 DG 的微增成本表达式的具体值不同且每个智能体的相邻智能体个数不一，致使收敛速度不同，但仅表现在收敛起始时间内，经过很少有限次迭代后，各个 DGs 收敛趋势很快相似。

　　图 6-7（b）显示出每次迭代中各个 DGs 的 EPD 变化趋势。每个 DGs 的 EPD 除在起始若干次具有较大差异外，经过 20 次迭代，EPD 均能达到稳定状态，最终收敛到最优值，如表 6-2 所示。当 EPD 算法收敛时，维持了功率平衡，并且 EPD 的参考值也均在发电约束范围内。

表 6-2　EPD 最优参考值

	P_{ref1}/kW	P_{ref2}/kW	P_{ref3}/kW	P_{ref4}/kW	P_{ref5}/kW
最优参考值	45	5	35	15	20

　　图 6-7（c）所示为在不同迭代次数时，不同 DGs 的平均母线电压收敛曲线，从图中可看出，平均母线电压的收敛速度要远快于相应的微增成本收敛速度和 EPD 收敛速度，经过 10 次迭代，各个 DGs 的平均母线电压就收敛于期望的平均母线电压值 401.2 V。由于采用 PI 控制器生成电压校正项 $\delta_{vi,1}$、$\delta_{vi,2}$，使得母线电压的收敛速度远快于微增成本的收敛速度。

　　为研究算法的扩展性，将本章提出的 EPD 和 ABVO 算法应用于具有 20 个分布式发电微源的大型直流微电网系统进行测试，测试结果如图 6-8 所示。

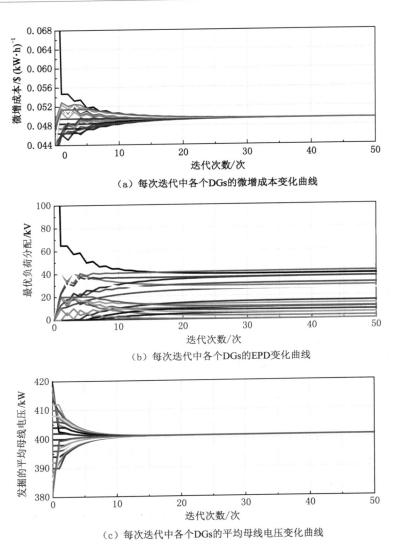

（a）每次迭代中各个DGs的微增成本变化曲线

（b）每次迭代中各个DGs的EPD变化曲线

（c）每次迭代中各个DGs的平均母线电压变化曲线

图6-8 两算法在含有20个DGs的直流微电网中的收敛性测试结果

　　由于智能体的通信拓扑可以设计为独立于直流微电网的物理拓扑，假设通信拓扑的设计使得每个智能体都可以与其相邻的8个智能体进行通信，相邻智能体编号为$i-4$、$i-3$、$i-2$、$i-1$、$i+1$、$i+2$、$i+3$、$i+4$。每次迭代过程中，20个DGs的微增成本如图6-8（a）所示，与图6-7（a）类似，在经过20次有限迭代之后，20个DGs的微增成本最终趋于一致，收敛到最优值。从图中还可以看出，每个 DGs 的收敛特性也与图 6-7(a)相似。图 6-8(b)显示出每次迭代中 20 个 DGs 的 EPD 变化趋势,与图 6-7(b)一样,每个 DGs 的 EPD 经过 20 次迭代后达到稳定状态,最终收敛到最优值,并且 EPD 的参考值也均在发电约束范围内。图 6-8(c)所示为在不同迭代次数时,20 个 DGs 的平均母线电压收敛曲线,从图中可看出,平均母线电压的收敛速度要远快于相应的微增成本收敛速度和 EPD 收敛速度,经过 10 次迭代,20 个 DGs 的平均母线电压收敛于设定的参考母线电压值。原因与图 6-7(c)一样,即采用 PI 控制器生成电压校正项使得母线电压具有较快的收敛速度。

可以看出,提出的算法对 20 个 DGs 的直流微电网的收敛特性是相似的,由此可得,算法收敛性与直流微电网规模没有关系,该算法具有很好的扩展性。

图 6-9 所示为验证某一发电微源额定功率不足时所提算法性能的仿真结果。

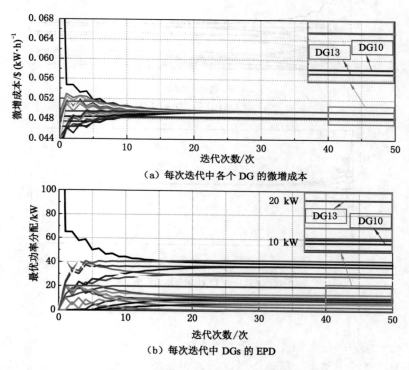

（a）每次迭代中各个 DG 的微增成本

（b）每次迭代中 DGs 的 EPD

图 6-9 EPD 算法和 ABVO 算法性能仿真结果

图中将 DG10 和 DG13 的额定功率替换为额定功率较小的分布式发电微源以便模拟某些功率不足的运行情况,更新后 DG10 和 DG13 的额定功率分别为

10 kW 和 20 kW。如图 6-9(a)所示,系统以 EPD 方式运行,但受物理条件的限制,DG10 和 DG13 的额定功率不能满足系统以完全 EPD 运行方式的功率要求,DG10 和 DG13 自动调整为在额定功率下运行,在经过 20 次有限迭代之后,20个 DGs 的微增成本最终收敛,但 DG10 和 DG13 微增成本低于其余 DGs 的微增成本且 DG10 和 DG13 微增成本本身也不同,这是因为微增成本受成本系数和功率本身大小因素影响,DG10 和 DG13 受自身功率限制,只能在其额定功率下运行造成的。但是,在 DG10 和 DG13 没有功率限制的条件下,其余 DGs 微增成本会一致收敛于一个稍大的稳定值。这是因为整个系统因 DG10 和 DG13 功率限制系统不能完全运行于 EPD 方式下的缘故,但收敛性不受影响,这也验证了系统在 EPD 方式下运行,功率满足运行要求时,功率约束对系统 EPD 运行方式的影响,这为系统的规划提供了理论依据。

同样,由于 DG10 和 DG13 只能在自身额定功率条件下工作,其他 DGs 的输出功率也会自动根据负荷要求在系统最优成本约束条件下做出调整,如图 6-9(b)所示,系统收敛后,DG10 和 DG13 在其额定功率即 10 kW 和 20 kW 条件下运行。

根据图 6-8 和图 6-9 可知,即使更大的微电网中某些分布式发电微源功率有限,不能在整个系统最优成本约束条件下运行,但所提出的 EPD 和 ABVO 算法可在有限次(20 次)迭代内收敛,这些分布式发电微源将在自身额定功率条件下运行,其余发电微源将在系统要求的最优成本约束下运行,因此,可以得出结论,对不同规模的微电网,即使某些分布式发电微源达到额定功率,也不影响算法的收敛性,证明了本算法的可扩展性,同时也说明,系统仍然在最优成本条件约束下工作。

通信拓扑结构在收敛速度和通信负担两方面对算法有影响。一般来说,每个智能体与其相邻智能体通信越多的拓扑,该算法收敛速度越快,通信负担也越大,因此,智能体之间的通信网络应在收敛速度和通信负担之间进行折中设计。为研究智能体间通信网络拓扑对分布式算法的影响,对含有 20 个分布式发电微源的直流微电网分别建立了三种不同的通信拓扑进行算法收敛性测试,三种通信拓扑结构分别设计为每个智能体可以与其相邻的 6 个智能体、8 个智能体和 10 个智能体进行通信,测试结果如图 6-10 所示。

从图 6-10 可以看出,随着智能体与其相邻智能体通信数量的增加,微增成本收敛速度差别较大。智能体与其相邻 6 个智能体通信的拓扑结构,微增成本迭代次数超过 40 次还未完全收敛;智能体与其相邻 8 个智能体通信的拓扑结构,微增成本迭代次数不超过 30 次已完全收敛;智能体与其相邻 10 个智能体通信的拓扑结构,微增成本迭代 15 次已完全收敛。这说明网络拓扑结构对本算法

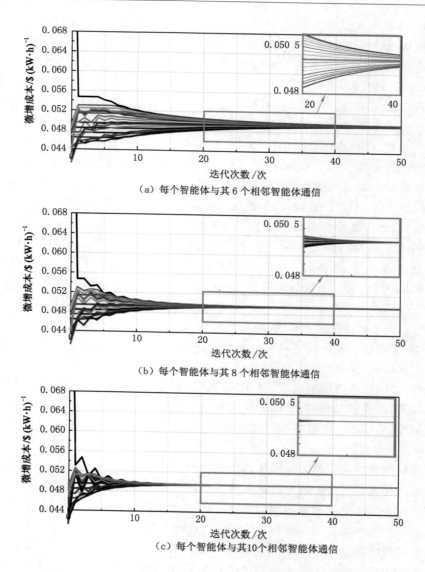

（a）每个智能体与其 6 个相邻智能体通信

（b）每个智能体与其 8 个相邻智能体通信

（c）每个智能体与其10个相邻智能体通信

图 6-10　智能体间不同通信拓扑结构时，EPD 收敛性测试结果

收敛性的影响不是线性关系，每个智能体与其相邻的智能体每增加一条通信连接，可能将大幅降低对算法速度的要求，这为实际直流微电网分布式协调控制的通信拓扑设计提供理论指导，但网络拓扑对系统的详细影响还需深入研究。

　　在通信和计算负担上，很显然，集中控制方式要远大于分布式控制方式。以

20 个 DGs 的直流微电网为例,对于传统的集中控制方法,中央控制器需要与直流微电网中所有 20 个 DGs 进行通信,并需要计算从 20 个分布式发电微源采集的数据。而对于分布式控制策略,所有的智能体都是对等的,每个智能体只需要与其相邻智能体(根据设计的通信拓扑为 6 个、8 个或 10 个等)进行通信,对来自有限相邻智能体的数据进行局部计算,因此,分布式方法的每个智能体的通信和计算负担都小于集中式中央控制器的通信和计算负担。

根据式(6-13)和式(6-16)中提出的 EPD 和 ABVO 算法,与相邻智能体通信的数据分别包括 λ_i、e_i 和 $\overline{v}_i$。在直流微电网中,假设每个智能体最多有 10 个相邻智能体,所提出的 EPD 和 ABVO 算法可以在 30 次迭代内收敛,数据以 32 位表示,假定智能体之间通信速率为 1 Mbps,EPD 和 ABVO 算法收敛所需时间为:2(双向通信)×3(数据通信)×10(相邻智能体数)×30(迭代次数)×32(每数据位)÷1 000 000(1 Mbps)=57.6(ms)。

考虑到通信延迟的影响,二次 EPD 算法和母线电压控制间隔应大于 57.6 ms。即使不考虑通信延迟,选择控制间隔时也要考虑一次控制器(即电压控制器和电流控制器)的动态性能,为了跟踪二次控制器提供的参考指令,控制间隔应大于一次控制器的响应时间。因此,考虑到相关因素和裕度要求,将控制区间设置为 0.1 s,在 0.1 s 内,即使在某些极端通信延迟情况下,EPD 算法和 ABVO 算法不收敛,所设计的二次控制也只是影响传统下垂控制性能,而不会因为相邻智能体之间的通信延迟影响直流微电网的稳定性。

6.6.2　控制策略和下垂控制策略性能比较

本节通过与传统下垂控制策略的比较,评估所设计控制策略的性能,如图 6-11 所示。

在 $t=0\sim2$ s 时间内,采用传统下垂控制策略对直流微电网进行控制,各个 DGs 的输出有功功率如图 6-11(a)所示,根据下垂系数和线路电阻分担负荷,而不是经济功率分配(EPD)。由于采用下垂控制,各个 DGs 的微增成本各不相同,DG5 成本最高,DG3 成本最低,如图 6-11(b)所示。此时发电总成本约 0.065 9 \$(kW·h)$^{-1}$,如图 6-11(c)所示。平均母线电压约 391 V,与设定 400 V 的额定母线电压存在稳态误差,如图 6-11(d)所示,以上现象与理论分析一致。$t=2.0$ s 时,系统采用本书提出的控制策略工作,如图 6-11(a)所示,系统 DG1、DG3、DG5 输出功率均有大幅调整,DG2、DG4 输出功率调整幅度相对较小,这是受发电成本约束在下垂控制基础上自动调整的结果。系统应用 PI 控制器生成电压校正项 $\delta_{vi,1}$(图 6-4),所有分布式发电微源的微增成本在一致性算法的约束下,收敛到相同的值,如图 6-11(b)所示,这意味着根据每个分布式发电微源

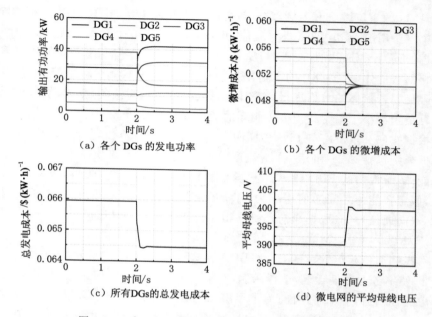

（a）各个 DGs 的发电功率　　　（b）各个 DGs 的微增成本

（c）所有DGs的总发电成本　　　（d）微电网的平均母线电压

图 6-11　采用设计控制策略前、后直流微电网性能比较

的发电成本优化分配负荷,因此,该算法具有较高的均流精度。同时,系统总发电成本也从 0.0659 \$$(kW \cdot h)^{-1}$ 下降到 0.0645 \$$(kW \cdot h)^{-1}$,下降了2.12%,如图 6-11(c)所示。由于采用 PI 控制器生成电压校正项 $\delta_{vi,2}$(图 6-4),在稳态时,电压误差收敛到零,平均母线电压也快速无超调地恢复到 400 V 额定值,说明该控制策略在消除电压稳态误差方面具有较高的精度。

综上所述,所提出的控制策略理论分析与仿真实验吻合,说明提出的控制策略可以很好地同时实现经济分配和母线电压恢复的控制要求。

6.6.3　时变负荷需求实验

图 6-12 研究了所提出的控制策略在时变负荷需求情况下的性能。$t=4$ s时,五个 DGs 已经达到最佳状态,负荷从 105 kW 降低到 68 kW;$t=6$ s 时,负荷从 68 kW 恢复到 105 kW;$t=8$ s 时,负荷从 105 kW 增加到 129 kW;$t=10$ s时,负荷从 129 kW 恢复到 105 kW。

图 6-12(a)显示,各个发电微源输出有功功率随着有功负荷的增加而增加,随着有功负荷的减少而减少,每个微源输出功率大小受成本约束。在负荷发生变化时,输出有功功率变化平稳。在 $t=4\sim6$ s 时间内,DG2 输出功率较低,几乎处于停机状态;在 $t=8\sim10$ s 时间内,DG5 输出功率较大,达到了较高的发电

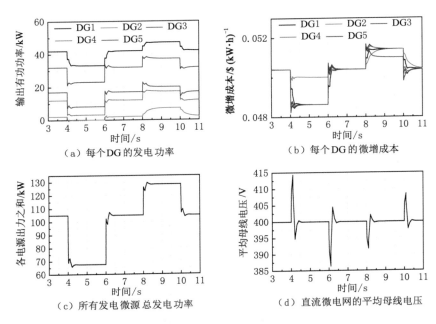

图 6-12 设计的控制策略在时变负荷需求下的性能

范围,但均在额定功率范围之内,由于每个发电微源设置的额定功率较大,都未达到额定状态。如图 6-12(b)所示,在 $t=4\sim6$ s 时间内,DG2 的微增成本高于最优值,而在 $t=8\sim10$ s 时间内,DG5 的微增成本低于最优值;在其他时间间隔内,所有分布式发电微源都在其发电范围内,所有微增成本都收敛到最优值。图 6-12(c)给出了所有发电微源总的发电功率,从图中可以看出,各发电微源总和变化与负荷需求一致。在负荷需求发生变化时,直流微电网的平均母线电压也可以恢复到其额定值,如图 6-12(d)所示。因此,即使负荷需求变化,某些发电微源达到其发电极限时,即这些发电微源以最大功率输出时(当然,这些不能满足功率需求的发电微源,由于受自身功率容量限制,不能实现最优的经济调度,但能实现在这些发电微源最大功率下的最优功率调度,这可以为系统的规划提供参考,以便运行时能实现系统经济分配),系统也能在设计的控制策略下实现经济分配。

6.6.4 与分布式比例负荷共享协调控制策略性能比较

将本书提出的 EPD 分布式协调控制策略与文献[134]提出的非 EPD 分布式协调控制策略进行了比较,该分布式协调控制策略提出了一种全局电压调节和比例负荷共享策略,该策略在不考虑每个 DG 发电成本的情况下,根据参与分布式发电微源的额定功率分配负荷,对比研究结果如图 6-13 所示。

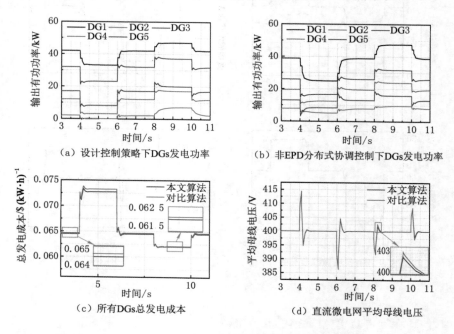

（a）设计控制策略下DGs发电功率　　　（b）非EPD分布式协调控制下DGs发电功率

（c）所有DGs总发电成本　　　（d）直流微电网平均母线电压

图 6-13　设计的控制策略与非 EPD 分布式协调控制策略比较

从图 6-13(a)、(b)可以看出,所提出的控制策略(即经济负荷共享)和分布式控制策略(即比例负荷共享)之间的功率共享结果是不同的。在两种控制策略下,各发电微源输出功率均有调整,在本书提出的控制策略下,DG1、DG3、DG5 各发电微源的输出功率均高于非 EPD 分布式协调控制策略下的输出功率,而 DG2、DG4 各发电微源的输出功率均低于非 EPD 分布式协调控制策略下的输出功率,其原因就是两者共享功率原理不同,本书提出的控制策略以发电成本为原则进行功率调度,而非 EPD 分布式协调控制策略以发电容量为原则,根据容量按比例分配功率。以 DG1 在 $t=0\sim4$ s 时间内运行为例,在此时间内,总负荷需求为 105 kW,5 个发电微源的总发电量为(60 kW＋12 kW＋40 kW＋30 kW＋20 kW)=162 kW,则需要 DG1 输出功率为 $105\times(60/162)=38.9(\text{kW})$,与图 6-13(a)一致,同时,这也与如图 6-13(c)所示的发电成本曲线图一致。从图 6-13(c)可以看出,在 6.6.3 所述的负荷条件下,所设计的控制策略的发电成本低于非 EPD 分布式协调控制策略的发电成本,与理论分析一致。如图 6-13(d)所示,设计的平均母线电压控制策略较非 EPD 分布式协调控制策略在直流微电网母线电压恢复方面没有明显优势,两者均可将直流微电网母线电压快速恢复到额定值,超调相差不大,且均满足系统要求。因此,可以得出结论,所设计的控制策略在运行成本上优于非 EPD 分布式协调控制策略,因为本书提出的控制策略可通过调度降低运行成本,以经济的方式分配负荷;在稳定母线电压方面,两者没有明显差异。

6.6.5　控制策略鲁棒性测试

图 6-14 研究了某一分布式发电微源接入/断开时控制策略的鲁棒性。$t=11$ s 时 5 个 DGs 已经达到最优状态,$t=12$ s 时断开 DG4,$t=14$ s 时重新接入。

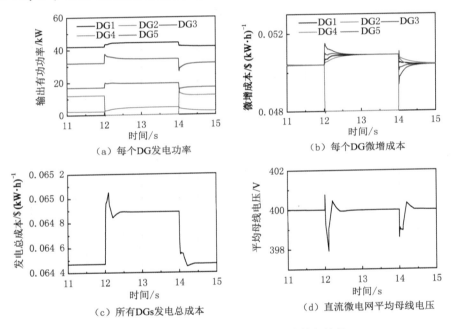

图 6-14　DG 接入/断开时控制策略的鲁棒性

需要说明的是,当某一 DG 切除时,其相应的智能体仍在工作,如图 6-14(a)所示,当 DG4 断开后,其余正常工作的发电微源由于要满足负荷需求,根据发电成本最优原则,重新调整剩余工作 DGs 的输出功率,每个发电微源输出功率均有增加,以弥补因 DG4 断开造成的功率不足。由于 DG4 输出功率的缺失,造成每个 DGs 已不能处于 5 个 DGs 均工作时的成本最优状态,每个 DGs 微增成本发生改变,但在一致性算法的约束下,很快调整到新的稳定状态,如图 6-14(b)所示,由于不同发电微源微增成本表达式具体值不同,造成微增成本有所增加,这与理论分析一致。同样原因,也造成系统发电总成本发生变化,如图 6-14(c) 所示。无论是断开 DGs 还是接入 DGs,直流微电网母线电压在短暂的波动之后,很快都能在系统允许的超调范围内恢复到额定值,如图 6-14(d) 所示。

总之,当 DGs 的工作状态发生变化时,所提出的控制策略可以更新 EPD,并能维持直流母线电压稳定。

图 6-15 研究了在智能体失效情况下控制策略的鲁棒性。$t=15\ \text{s}$ 时,5 个 DGs 已经达到最优状态,智能体 4 在 $t=16\ \text{s}$ 时切除。

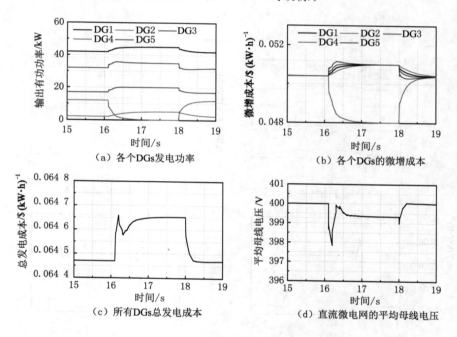

（a）各个DGs发电功率 （b）各个DGs的微增成本

（c）所有DGs总发电成本 （d）直流微电网的平均母线电压

图 6-15　在智能体失效的情况下控制策略的鲁棒性

如 6.5 节所述,因为通信拓扑要满足 $N-1$ 设计规则,因而其余智能体仍然是连接的,$t=16\ \text{s}$ 之后,使用心跳数据包更新相邻智能体信息,$t=18\ \text{s}$ 时智能体 4 恢复正常。

需要说明的是,当某一智能体失效时,相应的 DG 一定退出,在测试中假定输出功率为零,DG 停止工作。图 6-15(a)所示为 DG4 智能体失效情况下剩余 DGs 的功率输出情况。当 DG4 智能体失效后,DG4 输出功率为零,其余正常工作的发电微源由于要满足负荷需求,在剩余智能体组成的通信拓扑下,相邻智能体之间相互通信,根据发电成本最优原则,重新调整剩余工作 DGs 的输出功率,具体分析与 DG4 断开情况类似，每个发电微源输出功率均有调整，以弥补因智能体失效造成的发电微源功率下降，不能满足负荷功率需求的不足。同样，由于 DG4 智能体失效，造成各个 DGs 微增成本发生改变，但在一致性算法的约束下，很快调整到新的稳定状态，如图 6-14(b)所示，由于不同发电微源微增成本表达式具体值不同，造成微增成本有所增加，这与理论分析一致。但与图 6-13(b)略微不同的是，在智能体失效时和恢复正常时，在一致性约束条件下的微增成本动态性能与发电微源接入/断开不同，这是由于智能体失效情况下，造成通信拓扑结构发生改变，进而引起的系统控制响应速度不同造成的。同样的原因，也反映到了系统总发电成本及母线电压的变化上，如图 6-14(c)、图 6-14(d)所示。但无论是图 6-14(c)显示的总发电成本还是图 6-14(d)显示的母线电压波动，忽略高频影响外，智能体失效和发电微源接入/断开表现出相似的特性。

综上所述，设计的控制策略，无论是发电微源接入/断开，还是智能体失效/恢复，在一致性算法的约束下，母线电压都能在允许的超调范围内快速恢复到额定值，系统均具有较强的鲁棒性，且除可忽略的高频特性外，系统表现出相似的运行特性。

6.7   本章小结

本章提出了一种适用于下垂控制直流微电网的分布式一致性母线电压最优控制方案。通过同时调节全局额定电压和经济负荷分担，弥补第二层电压控制与第三层优化控制之间的差异，并实现微电网的经济调度。根据本书母线电压控制和 EPD 方案，可以根据每个分布式发电微源的发电成本在所有参与的分布式发电微源之间实时最优地共享负荷，因此，降低了分布式发电微源微电网的运行成本。一次控制采用下垂控制，不需要负荷节点和不可控发电微源节点的信息，只需要相邻智能体之间的通信，即可实现全分布式工作，与集中控制方法相比，不但提高了系统的可靠性，而且降低了系统计算量。

7 计及不确定性的微电网优化调度模型

7.1 引言

可再生能源和负荷需求接入微电网后给其优化调度带来了较大的不确定性,建立精确的数学模型对优化调度安排、提高可再生能源利用效率、降低运行成本等有着非常重要的意义。本章从低压并网型微电网的典型结构出发,对包含不确定性的微电网优化调度问题展开研究。与传统电力系统不同的是,微电网内不同分布式微源具有不同的运行特点,为此从系统分布式微源构成、能量流动等的基本原理出发,阐述优化调度的核心思想,并建立相关分布式单元的数学模型,为后续研究策略的实施奠定坚实的基础。

7.2 问题描述

7.2.1 微电网结构图

微电网优化调度是实现可再生能源的大规模消纳和提高能源利用效率的一种重要途径。本章以典型交流微电网为研究对象对微电网优化调度进行讨论,主要目的是研究不同多时间尺度调度策略对包含不确定性微电网系统的优化效果,以期实现优化调度策略与调度模型协调运行。微电网主要由风机(Wind Turbine,WT)、光伏(Photovoltaic,PV)、柴油发电机(Diesel Generator,DG)、微型燃气轮机(Micro Turbine,MT)、电池储能系统(Energy Storage System,ESS)、电动汽车(Electric Vehicles,EVs)以及负荷(Load Demand,Load)集成,该系统通过公共母线与电网进行功率交互,其典型结构如图 7-1 所示。优化调度中心和微电网仅通过信息流进行交互。优化调度系统根据采集的本地信息进行优化调度,并将调度结果分发给分布式微源、电动汽车、储能系统和负荷执行。

正常运行时,微电网通过各种能量转换装置将一次输入能量转换为电能,配合可再生能源发电,实现对用户的能源供应。此外,为了提高微电网运行的稳定性,该系统还配备了 ESS 和 EVs。作为一种特殊的分布式能源,电动汽车需要充电以满足日常出行需求,也可以通过放电参与到微电网能源供应过程。电动汽车的充放电时间是完全随机的,且必须在未旅行时段接入微电网系统。此外,微电网运行过程中产生的污染物主要为二氧化碳(Carbon dioxide,CO_2),二氧化硫(Sulfur dioxide,SO_2)和氮氧化物(Nitrogen dioxide,NO_x),污染物由 MT,DG 和电网(Power Grid,GRID)产生。

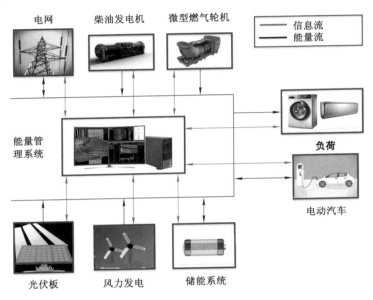

图 7-1 典型低压微电网结构

7.2.2 发电侧不确定性

微电网发电侧不确定性主要来源于风、光等可再生能源,相比于柴油发电机和微型燃气轮机等传统发电微源,其出力易受周围环境影响,难以被精准预测,给系统稳定运行带来较大的挑战。此外,可再生能源发电预测数据很大程度上依赖于预测技术和预测尺度,考虑到预测尺度对精度的影响,通常采用由日前预测尺度、日内预测尺度和超短期预测尺度组成的多时间尺度预测方法降低预测数据存在的误差。可再生能源出力的预测精度将直接影响微电网优化调度策略实施的效果。可再生能源具有分布广泛、适用性强、时空限制小等优点,但是其能量载量易受光照强度、风速等环境因素影响而不容易控制和调整,当其接入微电网后会带来较大的间歇性和波动性。本章选取风机和光伏为代表,探索可再生能源接入后对微电网优化调度的影响。具体采用蒙特卡洛和区间数学等方法对可再生能源的出力情况进行分析处理,并采用正态分布模拟预测误差的概率分布,从而实现对发电侧不确定性的处置。

7.2.3　需求侧不确定性

需求侧的不确定性主要来自负荷需求和电动汽车等新型分布式微源。由于新技术的高速发展和各个国家政策的支持,电动汽车在全世界得到快速普及,电动汽车具有污染排放量小、能源利用率高等优点,能够在实现低碳化社会的目标中发挥巨大作用。但是电动汽车大规模接入电网后会给电力系统带来较大冲击,具体表现在电动汽车的运行特性受用户心理、电网电价等多种因素的影响,必须建立准确有效的电动汽车数学模型模拟其出行特性,才能避免电动汽车的大规模接入危害微电网运行的安全性。负荷需求受用户心理、电价、政策等因素的影响,因此具有较大的不确定性。随着需求侧负荷种类和用电需求的增加以及发电侧和需求侧的交互逐渐增强,给微电网优化调度带来了较大的挑战。根据负荷变化规律和影响因素,采用多场景建模等方法模拟负荷需求的不确定性,对降低微电网的运行成本具有非常重要的意义。

7.3　微电网数学模型

7.3.1　可再生能源数学模型

（1）光伏出力数学模型

光伏发电是开发利用太阳能的一种重要形式。光伏发电系统是由多个光伏阵列组成,其发电原理是根据光生伏特效应将太阳能中光子的能量传递给电子,从而产生直流电流。光伏输出功率易受光照强度和环境温度等多种因素的影响。由于上述环境因素的变化难以精准预测,因此光伏出力具有较大的不确定性[177-178]。光伏发电功率如下

$$P_{\text{PV}} = P_{\text{STC}} \frac{G_{\text{C}}}{G_{\text{STC}}} [1 + k(T_{\text{C}} - T_{\text{STC}})] \tag{7-1}$$

式中　P_{PV}、G_{C} 和 T_{C}——光伏阵列的输出功率、光照强度和太阳能辐射温度;

P_{STC}、G_{STC} 和 T_{STC}——标准测试条件下的额定输出功率、参考光照强度和太阳能辐射温度。

在标准测试条件下,参考光照强度为 1 000 W/m^2,太阳能辐射温度为 25 ℃,k 为温度系数。

为了有效模拟光伏发电输出功率的不确定性,通常假设其预测误差服从正态分布 $\Delta P_{PV} \sim N(0, \sigma_{PV}^2)$,其概率分布密度函数为[179]

$$u(\Delta P_{PV}) = \frac{1}{\sqrt{2\pi}\sigma_{PV}} \exp\left[-\frac{(\Delta P_{PV})^2}{2\sigma_{PV}^2}\right] \qquad (7\text{-}2)$$

光伏发电成本主要为光伏阵列的维护成本,其成本模型如下

$$C_{PV,m}^t = k_{PV} P_{PV}^t \Delta t, \forall t \in T \qquad (7\text{-}3)$$

式中　$C_{PV,m}^t$ 和 P_{PV}^t——光伏发电在时刻 t 的维护成本和输出功率;

　　　k_{PV}——光伏发电的维护成本系数。

(2)风机出力数学模型

随着环保意识的增强和新能源发电技术的快速发展,风力发电在世界各地得到快速推广,并且已经成为一种重要的能量获取方式[180]。风力发电的基本原理是利用风力作用在叶片上产生的转矩驱动轮毂转动,然后轮毂通过齿轮箱等机械传动设备带动风电机组工作,将风能转换为机械能,机械能通过带动机械装置将获取的动能传递给发电机组,最终实现机械能到电能的转换[181]。根据以上原理,风力机组的输出功率与风速之间的关系为

$$P_{WT} = \begin{cases} 0 & v < v_{ci}, v > v_{co} \\ \dfrac{v^3 - v_{ci}^3}{v_{rate}^3 - v_{ci}^3} P_{rate} & v_{ci} \leqslant v < v_{rate} \\ P_{rate} & v_{rate} \leqslant v < v_{co} \end{cases} \qquad (7\text{-}4)$$

式中　P_{WT} 和 P_{rate}——风力发电机组的预测输出功率和额定输出功率;

　　　v——风力发电机组当前风速的预测值;

　　　v_{ci}、v_{rate} 和 v_{co}——风力发电机组的切入风速、额定风速和切出风速。

为了有效模拟风电机组输出功率的不确定性并建立精确的风电机组出力模型,通常假设其预测误差服从正态分布 $\Delta P_{WT} \sim N(0, \sigma_{WT}^2)$[179],其概率分布密度函数为

$$u(\Delta P_{WT}) = \frac{1}{\sqrt{2\pi}\sigma_{WT}} \exp\left[-\frac{(\Delta P_{WT})^2}{2\sigma_{WT}^2}\right] \qquad (7\text{-}5)$$

风力发电机组的运行成本主要为维护成本,其数学模型如下[182]

$$C_{WT,m}^t = k_{WT} P_{WT}^t \Delta t, \forall t \in T \qquad (7\text{-}6)$$

式中　$C_{WT,m}^t$ 和 P_{WT}^t——风力发电机组在时刻 t 的维护成本和输出功率;

　　　k_{WT}——风力发电机组的维护成本系数。

7.3.2　典型设备数学模型

(1)可控发电微源

本章所研究的微电网系统的可控发电设备主要包括微型燃气轮机和柴油发电机,其运行成本和发电功率约束如式(7-7)、式(7-12)所示。为了避免可控发电微源在短时间内频繁启停,本章引入启停成本限制该现象的出现[183]。

(a) 启停成本

$$\begin{cases} u_{j,\text{SU}}^t = \dfrac{1}{2}\,(\text{on}_j^t - \text{on}_j^{t-1})^2 + \dfrac{1}{2}(\text{on}_j^t - \text{on}_j^{t-1}) \\[2mm] u_{j,\text{SD}}^t = \dfrac{1}{2}\,(\text{on}_j^{t-1} - \text{on}_j^t)^2 + \dfrac{1}{2}(\text{on}_j^{t-1} - \text{on}_j^t) \end{cases}, \forall\, t \in T, \forall\, j \in \{\text{MT},\text{DG}\}$$

$$\text{(7-7)}$$

$$C_{j,\text{d}}^t = u_{j,\text{SU}}^t\, \text{SU}_j + u_{j,\text{SD}}^t\, \text{SD}_j,\, \forall\, t \in T,\, \forall\, j \in \{\text{MT},\text{DG}\} \qquad \text{(7-8)}$$

式中 $u_{j,\text{SU}}^t$ 和 $u_{j,\text{SD}}^t$ ——第 j 类可控发电微源在时刻 t 的启动变量和停止变量;

$\quad$ on_j^t ——第 j 类可控发电在时刻 t 的运行状态;

$\quad$ $C_{j,\text{d}}^t$ ——第 j 类可控发电微源在时刻 t 的启停成本;

$\quad$ SU_j 和 SD_j ——第 j 类可控发电微源的启动成本和关机成本。

(b) 运行维护成本

$$C_{j,m}^t = k_j P_j^t \Delta t,\, \forall\, t \in T,\, \forall\, j \in \{\text{MT},\text{DG}\} \qquad \text{(7-9)}$$

式中 $C_{j,m}^t$ ——第 j 类可控发电微源在时刻 t 的维护成本;

$\quad$ k_j ——第 j 类可控发电微源的维护成本系数。

(c) 燃料成本

$$C_{\text{MT,f}}^t = \frac{c_{\text{price}} P_{\text{MT}}^t \Delta t}{\eta_{\text{MT}} \text{LHV}},\, \forall\, t \in T \qquad \text{(7-10)}$$

$$C_{\text{DG,f}}^t = \left[a\,(P_{\text{DG}}^t)^2 + b P_{\text{DG}}^t + c \right] \Delta t,\, \forall\, t \in T \qquad \text{(7-11)}$$

式中 $C_{\text{MT,f}}^t$ ——微型燃气轮机在时刻 t 的燃料成本;

$\quad$ P_{MT}^t ——微型燃气轮机在时刻 t 的发电功率;

$\quad$ η_{MT} ——微型燃气轮机在时刻 t 的发电效率;

$\quad$ LHV ——天然气的低热值;

$\quad$ $C_{\text{DG,f}}^t$ ——柴油发电机在时刻 t 的燃料成本;

$\quad$ P_{DG}^t ——柴油发电机在时刻 t 的发电功率;

$\quad$ a,b 和 c ——柴油发电机燃料成本函数的参数。

(d) 发电功率约束

$$\text{on}_j^t P_j^{\min} \leqslant P_j^t \leqslant \text{on}_j^t P_j^{\max},\, \forall\, t \in T,\, \forall\, j \in \{\text{MT},\text{DG}\} \qquad \text{(7-12)}$$

式中 P_j^t ——第 j 类可控发电微源在时刻 t 的输出功率;

$\quad$ $P_j^{\min}$ 和 $P_j^{\max}$ ——第 j 类可控发电微源的最小和最大输出功率。

(2) 储能装置数学模型

储能装置是微电网系统中的重要组成部分,在微电网中起到削峰填谷、平抑功率偏差和提高电能质量的作用。由于储能装置既能充电又能放电,因此兼具发电和负荷的角色,它能在电源侧出力不足时进行放电满足负荷需求或者在出力盈余时进行充电作为备用。储能装置作为一种缓冲设备可以为微电网稳定运行提供有效支撑,因此根据其运行特性建立调度模型具有非常重要的意义。本书以蓄电池作为储能装置进行研究,由于储能装置的容量与其运行状态和充放电功率紧密相关,因此通过设置相应的约束条件对其进行限制,储能系统的数学模型如下[184]。

(a)充、放电状态约束

为了避免储能系统充电和放电的决策同时出现,设置每个调度时段约束如下

$$u_{\text{chars}}^{t} + u_{\text{dischars}}^{t} \leqslant 1, \forall t \in T \tag{7-13}$$

式中 u_{chars}^{t}——储能系统在时刻 t 的充电状态(1 表示充电,0 表示不充电);

u_{dischars}^{t}——储能系统在时刻 t 的放电状态(1 表示放电,0 表示不放电)。

(b)充、放电功率约束

储能系统的充放电功率约束如下

$$0 \leqslant P_{\text{char}}^{t} \leqslant u_{\text{chars}}^{t} P_{\text{char}}^{\max}, \forall t \in T \tag{7-14}$$

$$0 \leqslant P_{\text{dischar}}^{t} \leqslant u_{\text{dischars}}^{t} P_{\text{dischar}}^{\max}, \forall t \in T \tag{7-15}$$

$$P_{\text{ESS}}^{t} = P_{\text{dischar}}^{t} - P_{\text{char}}^{t}, \forall t \in T \tag{7-16}$$

式中 P_{char}^{t} 和 P_{dischar}^{t}——储能系统在时刻 t 的充电和放电功率;

P_{ESS}^{t}——储能系统在时刻 t 的运行功率;

$P_{\text{char}}^{\max}$ 和 $P_{\text{dischar}}^{\max}$——储能系统最大的充电和放电功率。

(c)储能系统的荷电状态约束

$$\text{SOC}^{t} = \text{SOC}^{t-1} + P_{\text{char}}^{t} \Delta t \eta_{c} / P_{\text{rated}} - P_{\text{dischar}}^{t} \Delta t \eta_{d} / P_{\text{rated}}, \forall t \in T \tag{7-17}$$

$$\text{SOC}^{\min} \leqslant \text{SOC}^{t} \leqslant \text{SOC}^{\max}, \forall t \in T \tag{7-18}$$

$$\text{SOC}^{T} = \text{SOC}^{0} \tag{7-19}$$

式中 P_{rated}——储能系统的额定功率;

SOC^{t}——时刻 t 的荷电系数;

$\text{SOC}^{\min}$ 和 $\text{SOC}^{\max}$——储能系统所允许的最小和最大荷电系数。

(d)储能系统退化成本

$$C_{\text{ESS}}^{t} = k_{\text{ESS}} (P_{\text{char}}^{t} + P_{\text{dischar}}^{t}) \Delta t, \forall t \in T \tag{7-20}$$

式中 C_{ESS}^{t}——储能系统在时刻 t 的退化成本;

k_{ESS}——储能系统的单位退化成本系数。

(3)与电网交互数学模型

当微电网内部能量平衡无法满足或者与电网交互的成本更低时,系统通过与外部电网进行能量交互,从而满足供需侧能量平衡并有效降低系统的运行成本[185]。

（a）与电网交互功率约束

当微电网系统内部供电不能满足负荷侧能量需求时,需要通过与电网交互实现供需平衡。

$$0 \leqslant P_{\text{gridin}}^{t} \leqslant P_{\text{gridin}}^{\max}, \forall t \in T \tag{7-21}$$

$$0 \leqslant P_{\text{gridout}}^{t} \leqslant P_{\text{gridout}}^{\max}, \forall t \in T \tag{7-22}$$

式中　P_{gridin}^{t}——时刻 t 向电网买电功率;

　　　P_{gridout}^{t}——时刻 t 向电网卖电功率;

　　　$P_{\text{gridin}}^{\max}$——与电网交互的最高买电功率;

　　　$P_{\text{gridout}}^{\max}$——与电网交互的最高卖电功率。

（b）与电网交互功率偏差限制约束

由于日前预测数据存在误差,因此在日内实时运行时功率分配会出现偏差,令其满足下面约束

$$0 \leqslant P_{\text{gridin}}^{t} + \Delta P_{\text{gridin}}^{t} \leqslant P_{\text{gridin}}^{\max}, \forall t \in T \tag{7-23}$$

$$0 \leqslant P_{\text{gridout}}^{t} + \Delta P_{\text{gridout}}^{t} \leqslant P_{\text{gridout}}^{\max}, \forall t \in T \tag{7-24}$$

式中　$\Delta P_{\text{gridin}}^{t}$——时刻 t 向电网买电功率的增量;

　　　$\Delta P_{\text{gridout}}^{t}$——时刻 t 向电网卖电功率的增量。

（c）购售电成本

$$C_{\text{grid}}^{t} = (P_{\text{gridin}}^{t} k_{\text{buy}}^{t} - P_{\text{gridout}}^{t} k_{\text{sell}}^{t}) \Delta t, \forall t \in T \tag{7-25}$$

式中　C_{grid}^{t}——时刻 t 与电网交互的费用;

　　　k_{buy}^{t}——时刻 t 的买电单价;

　　　k_{sell}^{t}——时刻 t 的卖电单价。

（d）与电网交互功率偏差的惩罚费用

$$C_{\Delta \text{grid}}^{t} = (\Delta P_{\text{gridin}}^{t} k_{\text{buy}}^{t} \alpha - \Delta P_{\text{gridout}}^{t} k_{\text{sell}}^{t} / \alpha) \Delta t, \forall t \in T \tag{7-26}$$

式中　$C_{\Delta \text{grid}}^{t}$——时刻 t 与电网的交互惩罚费用;

　　　α——惩罚系数。

（4）污染物治理成本模型

传统发电微源在实际运行时会产生污染物排放,对污染物处理的过程中会产生治理成本,其数学模型如下[186]

$$C_{p}^{t} = \sum_{j} \sum_{p} k_{p} a_{j,p} P_{j}^{t} + \sum_{p} k_{p} a_{\text{grid},p} P_{\text{gridin}}^{t}$$

$$\forall p \in \{CO_2, SO_2, NO_x\}, \forall j \in \{MT, DG\} \tag{7-27}$$

式中 C_p^t——时刻 t 污染物的治理成本；

    k_p——第 p 类污染物的单位治理系数；

    $a_{j,p}$——第 j 类可控发电微源的污染物排放因子；

    $a_{grid,p}$——电网的污染物排放因子；

    P_j^t——第 j 类可控发电微源在时刻 t 的发电功率。

（5）电动汽车数学模型

本章考虑以家用电动汽车作为研究对象，研究电动汽车的充放电特性对微电网运行的影响。电动汽车的充放电时段和功率通常与用户的出行习惯和行驶里程紧密相关，其出行概率密度函数如图 7-2 所示。

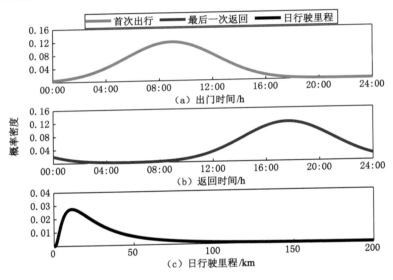

图 7-2　电动汽车出行概率密度函数

根据大量数据分析得出电动汽车首次出行时刻和完成日行程返回时刻近似服从正态分布，且日行驶里程近似服从对数正态分布[187-188]，其概率密度函数为

$$f_a(t) = \begin{cases} \dfrac{1}{\sqrt{2\pi}\sigma_a}\mathrm{e}^{-\frac{(t-\mu_a)^2}{2\sigma_a^2}}, 0 < t \leqslant (\mu_a + 12) \\ \dfrac{1}{\sqrt{2\pi}\sigma_a}\mathrm{e}^{-\frac{(t-24-\mu_a)^2}{2\sigma_a^2}}, (\mu_a + 12) < t \leqslant 24 \end{cases} \tag{7-28}$$

$$f_D(x) = \frac{1}{\sqrt{2\pi}\sigma_D x}\mathrm{e}^{-\frac{(\ln x - \mu_D)^2}{2\sigma_D^2}} \tag{7-29}$$

$$f_l(t) = \begin{cases} \dfrac{1}{\sqrt{2\pi}\,\sigma_l}\mathrm{e}^{\frac{-(t+24-\mu_l)2}{2\sigma l\,2}}, 0 < t \leqslant (\mu_l - 12) \\ \dfrac{1}{\sqrt{2\pi}\,\sigma_l}\mathrm{e}^{\frac{-(t-\mu_l)2}{2\sigma l\,2}}, (\mu_l - 12) < t \leqslant 24 \end{cases} \tag{7-30}$$

式中 μ_a——首次出行时刻的均值；

σ_a——首次出行时刻的标准差；

$f_a(t)$——首次出行时刻在时刻 t 时的概率密度函数；

μ_l——完成日行程返回时刻的均值；

σ_l——完成日行程返回时刻的标准差；

$f_l(t)$——完成日行程返回时刻在时刻 t 的概率密度函数；

μ_D——日行驶里程的对数均值；

σ_D——日行驶里程的对数标准差；

$f_D(t)$——日行驶里程在时刻 t 的对数概率密度函数。

完成一天的行程里程后，电动汽车的荷电状态如下[189-190]

$$\mathrm{SOC_{on}} = \mathrm{SOC_{off}} - \frac{f_D E_{100}}{E_{EV}} \tag{7-31}$$

式中 E_{100}——电动汽车每百千米的耗电量；

$\mathrm{SOC_{on}}$——刚并入电网时的荷电系数；

$\mathrm{SOC_{off}}$——与电网断开时的荷电系数。

为了模拟电动汽车出行的不确定性，通过蒙特卡洛方法模拟电动汽车的典型出行场景和电动汽车的充放电功率模型。

（a）可充放电时段约束。

已知电动汽车首次出行时刻和完成日行驶里程返回时刻分别为 t_a 和 t_l。将电动汽车仅在返回时刻和出行时刻之间进行充放电的调度，即

$$\begin{cases} z_{EV}^t = 0, 若\ t_a < t_l\ 且\ t_a < t < t_l \\ z_{EV}^t = 1, 若\ t_a < t_l\ 且(t \leqslant t_a\ 或\ t_l \leqslant t \leqslant T) \\ z_{EV}^t = 0, 若\ t_a > t_l\ 且(t_a < t < 24\ 或\ t < t_l) \\ z_{EV}^t = 1, 若\ t_a > t_l\ 且(t_l \leqslant t \leqslant t_a) \end{cases} \tag{7-32}$$

式中 z_{EV}^t——电动汽车的充放电状态（1 为可充放电，0 为不可充放电）。

（b）各时段电动汽车充放电约束为

$$0 \leqslant P_{EVin}^t \leqslant z_{EV}^t\ \mathrm{on}_{EVin}^t P_{EV}^{\max}, \forall t \in T \tag{7-33}$$

$$0 \leqslant P_{EVout}^t \leqslant z_{EV}^t\ \mathrm{on}_{EVout}^t P_{EV}^{\max}, \forall t \in T \tag{7-34}$$

$$P_{EV}^t = P_{EVout}^t - P_{EVin}^t, \forall t \in T \tag{7-35}$$

式中 P_{EVin}^t——电动汽车在时刻 t 的充电功率；

P_{EVout}^t——电动汽车在时刻 t 的放电功率；

P_{EV}^{max}——电动汽车在单位时间内的最大充放电功率；

P_{EV}^t——电动汽车在时刻 t 的运行功率。

为避免电动汽车的充电和放电决策同时发生的情况出现，设置约束如下

$$on_{EVin}^t + on_{EVout}^t \leqslant 1, \forall t \in T \tag{7-36}$$

式中　on_{EVin}^t——电动汽车在时刻 t 的充电状态（1 表示充电，0 表示不充电）；

on_{EVout}^t——电动汽车在时刻 t 的放电状态（1 表示放电，0 表示不放电）。

（c）电动汽车充放电成本

$$C_{EV}^t = k_{EV}(P_{EVin}^t + P_{EVout}^t)\Delta t, \forall t \in T \tag{7-37}$$

式中　C_{EV}^t——电动汽车在时刻 t 的运行成本；

k_{EV}——电动汽车的成本系数。

7.3.3　功率平衡约束

微电网在每个调度时刻都必须保持供需两侧功率平衡，等式左侧表示负荷需求；等式右侧表示供电功率，主要包括分布式微源的出力和与大电网的交互功率。为保证微电网的稳定运行，设置系统的功率平衡约束如下

$$P_{Load}^t = P_{PV}^t + P_{WT}^t + P_{EV}^t + P_{MT}^t + P_{DG}^t + P_{grid}^t + \Delta P_{grid}^t + P_{ESS}(t), \forall t \in T$$
$$\tag{7-38}$$

式中　P_{Load}^t——时刻 t 负荷需求的功率。

7.4　多时间尺度调度框架

由于风光发电功率和负荷需求预测误差与预测尺度紧密相关，这使得传统日前调度策略的结果很大程度上依赖于预测数据的准确性。然而，如果日前预测数据的准确性较低，仅根据日前调度决策制定日内调度安排就难以有效应对日前预测误差对系统实时运行成本的影响[191-192]。为了降低日前预测误差对调度结果精度的影响，本章引入了日内滚动优化调度策略，该策略可以在不改变日前调度决策的前提下根据不断更新的预测信息制定调度安排，从而提高日内调度结果的经济性和准确性。滚动优化算法是一个实时在线优化算法，滚动优化控制对模型的要求不高且可以根据实时更新的超短期预测信息对调度计划进行动态调整。滚动优化的核心思想为：根据日内超短期预测数据，结合系统当前运行状态与预测时域内的预测状态，获得一个控制时域内优化控制决策，并将第一个间隔内的控制决策下发执行。重复上述过程，预测时域向调度区间末端不断推进，直至完成整个日内调度周期。

　　微电网可再生能源出力和负荷需求预测数据存在的误差与预测时域的大小紧密相关,其预测误差按照日前-日内-实时逐级递减,因此根据不确定性变量的特性在不同的时间尺度下对微电网进行优化调度,对提高调度安排的准确性具有非常重要的意义。其中日前调度阶段的分辨率为1 h,该阶段基于日前预测数据,综合考虑系统能量平衡、分时电价等因素,以日运行成本最低为目标制定日前调度决策,为制订实时调度计划提供指导,本章所提出的多时间尺度调度框架如图7-3所示。

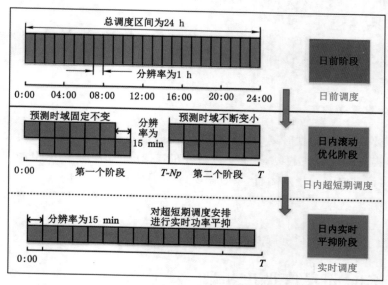

图 7-3　多时间尺度调度框架

　　由于超短期预测数据具有更高的准确度,日内滚动优化阶段承接日前机组运行计划,并根据得到的超短期预测数据对日前调度决策进行动态调整。由于滚动优化的数据更新间隔更短,因此其数据的预测准确度相较于日前阶段大大提高,从而可有效降低系统内不确定性因素对调度结果的影响,提高微电网运行的稳定性和经济性。由于超短期预测数据仍然存在预测误差,因此在实时运行过程中会存在功率偏差,从而给系统运行带来不利影响。日内实时平抑阶段通过与外部电网进行实时交互,从而有效平抑实时运行中出现的功率偏差,有效保证微电网协调运行的稳定性。

7.5　本章小结

本章对低压微电网的典型结构与能量流动进行了简要阐述,并且对微电网内不确定性的来源进行了分析,进而根据各分布式微源的特性建立了准确的数学模型。简述了多时间尺度优化策略的整体框架,并介绍了不同调度阶段之间协调优化的机制,为后续章节优化策略在微电网优化调度中的应用打下了坚实的理论基础。

8 微电网多时间尺度随机优化调度

8.1 引言

随着可再生能源发电和电动汽车等包含不确定性的分布式微源大规模接入微电网,一方面极大丰富了系统内能量来源的多样性,另一方面也使得微电网优化调度问题变得更加难以解决。微电网系统内多种不确定性变量相互耦合,使得微电网运行的不确定性变得更加难以衡量,并给微电网优化调度带来较大的困难和挑战。目前对微电网优化调度方面的研究主要集中在单一时间尺度,而实际运行过程中可再生能源处理和负荷需求的波动较大,导致所指定的调度安排与实时运行存在较大功率偏差。为了应对上述挑战,本一章结合上章微电网典型结构和多时间尺度调度框架,利用不同时间尺度下的预测数据,通过多阶段协调优化,最终有效降低不确定性对微电网运行的影响。

8.2 微电网多时间尺度随机优化调度框架

由于风光发电功率和负荷需求的预测数据存在不确定性,且其预测精度随着预测尺度的细化不断提高,本章提出以期望场景为主导的多时间尺度随机优化策略,具体调度框架如图 8-1 所示。

在日前随机优化调度阶段,基于微电网风光发电功率和负荷需求的预测数据,综合考虑给定置信区间内多个随机场景下的能量平衡、分时电价、电动汽车的运行特性和各分布式微源的运行成本,以日运行成本最低为目标制定日前随机调度决策,从而有效降低不确定性对微电网运行的影响。

在日内滚动优化调度阶段,根据日内风光发电功率和负荷需求的超短期预测信息,采用滚动优化策略求解得到预测时域内的最优功率分配,并仅将第一个控制决策下发执行。随着预测时域窗口向前推移,预测信息不断更新,因此所制订的调度计划具有更高的准确性。滚动优化的预测时域和控制时域都为 6 h,预测时域和控制时域的窗口每 15 min 向下滚动一次,整个日内运行周期共滚动

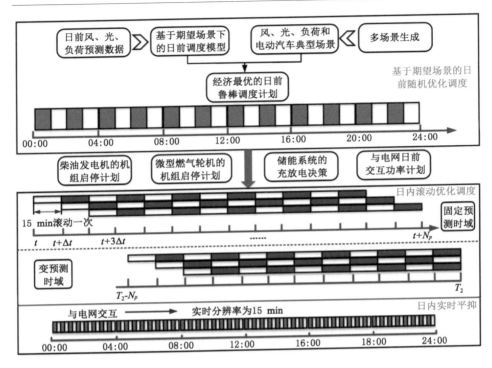

图 8-1　微电网多时间尺度随机优化调度框架

执行 96 次。

　　在日内实时平抑阶段,由于超短期预测数据与日内实时运行数据依然存在误差,因此由日内滚动优化调度制订的超短期调度安排在实时运行阶段存在功率偏差。为了平抑功率偏差对系统的冲击,微电网通过与电网的实时交互对功率偏差进行平抑,有效保证了系统的稳定经济运行。

8.3　微电网多时间尺度随机优化模型

8.3.1　考虑微电网不确定性的多场景建模

　　由于采用的风、光、负荷以及电价数据存在预测误差,因此考虑上述不确定变量存在的预测误差采用蒙特卡洛的方法生成大量随机场景模拟日前预测数据存在的预测误差[193-194]。光伏出力、风机出力和负荷需求随机变量的预测误差在每个调度时段均服从均值为 0、标准偏差为 δ 的正态分布[195]。本章采用蒙特卡洛方法生成一系列随机场景,生成的可再生能源出力和负荷需求场景如下

$$e_{\mathrm{PV}}^{t,s} \sim N(0, \delta_{\mathrm{PV}}^{t2}), p_{\mathrm{PV}}^{t,s} = p_{\mathrm{PV}}^{t,f}(1 + e_{\mathrm{PV}}^{t,s}) \tag{8-1}$$

$$e_{\mathrm{WT}}^{t,s} \sim N(0, \delta_{\mathrm{WT}}^{t2}), p_{\mathrm{WT}}^{t,s} = p_{\mathrm{WT}}^{t,f}(1 + e_{\mathrm{WT}}^{t,s}) \tag{8-2}$$

$$e_{\mathrm{Load}}^{t,s} \sim N(0, \delta_{\mathrm{Load}}^{t2}), p_{\mathrm{Load}}^{t,s} = p_{\mathrm{Load}}^{t,f}(1 + e_{\mathrm{Load}}^{t,s}) \tag{8-3}$$

式中　$e_{\mathrm{PV}}^{t,s}, e_{\mathrm{WT}}^{t,s}, e_{\mathrm{Load}}^{t,s}$——光伏、风机和负荷在 t 时刻的预测误差；

$\delta_{\mathrm{PV}}^{t}, \delta_{\mathrm{WT}}^{t}, \delta_{\mathrm{Load}}^{t}$——光伏、风机和负荷的预测误差在时刻 t 服从的正态分布的标准偏差；

$p_{\mathrm{PV}}^{t,s}, p_{\mathrm{WT}}^{t,s}, p_{\mathrm{Load}}^{t,s}$——光伏、风机和负荷需求功率的场景生成值；

$p_{\mathrm{PV}}^{t,f}, p_{\mathrm{WT}}^{t,f}, p_{\mathrm{Load}}^{t,f}$——光伏、风机和负荷需求功率的预测值。

针对风电出力概率分布难以准确刻画、负荷波动规律性不强的特点，风光发电功率和负荷需求的不确定性采用随机优化方法处理。现有的研究通常认为风电出力和负荷功率在各时段的预测误差服从正态分布[196]。各时段不确定变量预测误差的概率密度函数为

$$f_m(t) = \frac{1}{\sqrt{2\pi}\sigma_m} \mathrm{e}^{\frac{-(t-\mu_m)^2}{2\sigma_m^2}}, \forall t \in T_1, \forall m \in \{\mathrm{PV}, \mathrm{WT}, \mathrm{Load}\} \tag{8-4}$$

式中　μ_m 和 σ_m——第 m 类不确定变量预测误差的期望值和标准差。

为了评估不确定性对调度结果的影响程度，本章通过置信区间衡量不确定参数波动区间变化时对调度结果的影响。对于给定的显著性水平 α，由累计分布的逆函数可得不确定性变量的集合，其中在采用机会约束方法处理不确定性变量时，考虑机会约束为

$$\mathrm{Pr}(\underline{u_m^t} \leqslant u_m^{t,f} \leqslant \overline{u_m^t}) = 1 - \alpha, \forall t \in T_1, \forall m \in \{\mathrm{PV}, \mathrm{WT}, \mathrm{Load}\} \tag{8-5}$$

式中　$u_m^{t,f}$——第 m 类随机变量在时刻 t 的预测误差；

$\underline{u_m^t}$ 和 $\overline{u_m^t}$——第 m 类随机变量预测误差的下界和上界。

8.3.2　日前调度阶段的目标函数

微电网日前调度阶段的优化目标兼顾系统运行的稳定性和经济性，采用场景生成和消减的策略模拟日前预测数据的不确定性，该调度阶段的目标函数如式(8-6)所示，所需满足的约束条件包括式(7-13)～式(7-19)、式(7-21)～式(7-24)、式(7-32)～式(7-36)及式(7-38)。

$$\begin{cases} \min_{x,y} & \boldsymbol{c}^{\mathrm{T}}x + \boldsymbol{d}^{\mathrm{T}}y \\ \mathrm{s.t.} & \boldsymbol{A}x + \boldsymbol{B}y \geqslant e \\ & \boldsymbol{C}x + \boldsymbol{D}y = f \\ & \boldsymbol{I}y = u \end{cases} \tag{8-6}$$

式中　$\boldsymbol{c}$ 和 $\boldsymbol{d}$——日前目标函数式(8-6)中的系数列向量；

C、D、I——日前期望场景下等式约束的系数矩阵；

f——日前期望场景下等式约束的常数列向量；

A、B——日前期望场景下不等式约束的系数矩阵；

e——日前期望场景下不等式约束的常数列向量；

x、y——日前期望场景下的优化变量；

u——日前期望场景下的输入变量。

其具体表达式为

$$\begin{cases} x = \begin{bmatrix} \mathrm{on}_{\mathrm{MT}}^t, \mathrm{on}_{\mathrm{DG}}^t, u_{\mathrm{chars}}^t, u_{\mathrm{dischars}}^t, P_{\mathrm{gridin}}^t, P_{\mathrm{gridout}}^t \end{bmatrix} \\ y = \begin{bmatrix} P_{\mathrm{MT}}^t, P_{\mathrm{DG}}^t, P_{\mathrm{char}}^t, P_{\mathrm{dischar}}^t, P_{\mathrm{EV}}^t \end{bmatrix} & , \forall\, t \in T_1 \\ u = \begin{bmatrix} P_{\mathrm{PV}}^{t,f}, P_{\mathrm{WT}}^{t,f}, P_{\mathrm{Load}}^{t,f} \end{bmatrix} \end{cases} \quad (8\text{-}7)$$

如果仅根据日前预测数据建立微电网确定性优化模型，则得到调度结果的优劣很大程度上取决于预测数据的准确度。在微电网实际运行中存在许多不确定因素，导致日前预测数据的精度难以保证。因此，在制订日前调度计划的过程中需要充分考虑优化模型中的不确定性对调度结果经济性的影响。本章构建的日前优化调度模型以期望场景下微电网的经济性为优化目标，并确保制定的日前调度决策在多个典型随机场景下也可安全运行，从而实现"期望最优，随机可行"的优化目标。所建立日前随机优化调度模型的紧凑形式如式(8-8)所示，所需满足的约束条件包括式(7-13)～式(7-19)、式(7-21)～式(7-24)、式(7-32)～式(7-36)、式(7-38)及式(8-1)～式(8-6)。

$$\begin{cases} \min_{x,y} \boldsymbol{c}^{\mathrm{T}} x + \boldsymbol{d}^{\mathrm{T}} y \\ \mathrm{s.t.} \quad \boldsymbol{A}x + \boldsymbol{B}y \geqslant \boldsymbol{e}, \boldsymbol{C}x + \boldsymbol{D}y = \boldsymbol{f} \\ \boldsymbol{I}y = u, \boldsymbol{A}x + \boldsymbol{E}\,\tilde{y} \geqslant \boldsymbol{g} \\ \boldsymbol{C}x + \boldsymbol{F}\tilde{y} = \boldsymbol{h}, \boldsymbol{I}\,\tilde{y} = \tilde{u} \end{cases} \quad (8\text{-}8)$$

式中　E——日前随机场景下等式约束的系数矩阵；

h——日前随机场景下等式约束的常数列向量；

F——日前随机场景下不等式约束的系数矩阵；

g——日前随机场景下等式约束的常数列向量。

$\tilde{y}$ 和 $\tilde{u}$ 为日前随机场景下的调度变量和输入变量，如式(8-9)所示：

$$\begin{cases} \tilde{y} = \begin{bmatrix} P_{\mathrm{MT}}^{t,s}, P_{\mathrm{DG}}^{t,s}, P_{\mathrm{char}}^{t,s}, P_{\mathrm{dischar}}^{t,s}, P_{\mathrm{EV}}^{t,s} \end{bmatrix} \\ \tilde{u} = \begin{bmatrix} P_{\mathrm{PV}}^{t,s}, P_{\mathrm{WT}}^{t,s}, P_{\mathrm{Load}}^{t,s} \end{bmatrix} \end{cases}, \forall\, t \in T_1 \quad (8\text{-}9)$$

8.3.3　日内滚动优化阶段的数学模型

由于风光发电功率和负荷需求预测误差随着预测尺度的增大而不断提高，这使得优化调度的结果在很大程度上依赖于日前预测的准确性。然而如果日前预测数据的准确性较低，仅根据日前调度决策制订日内调度安排难以有效应对日前预测误差对系统实时运行成本的影响[197]。为了降低日前预测误差对调度结果精度的影响，本章引入了日内滚动优化调度策略，该策略可以在不改变日前调度决策的前提下根据不断更新的预测信息制订调度安排，从而提高日内调度结果的经济性和准确性[198-199]，滚动优化运行原理如图 8-2 所示。

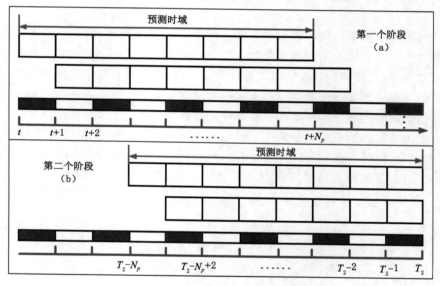

图 8-2　滚动优化运行原理示意图

本章中所提出的调度优化策略共包含两个阶段。第一个阶段从 0:00 到 $T_2 - N_p$，该阶段预测时域和控制时域的长度不变，均为 N_p。第二个阶段从 $T_2 - N_p + 1$ 到 T_2，由于 $t + N_p$ 超过了整个调度周期的间隔，该阶段预测时域和控制时域的长度需要被动态调整[187]。当调度时刻为 $T_2 - N_p + m (0 \leqslant m \leqslant N_p)$ 时，预测时域和控制时域的长度需要被调整为 $T_2 - t + 1$。如果 $t = 60, m = 4, T_2 = 96$，则预测时域和控制时域的间隔需要被调整为 $N_p = 37$。结合超短期预测数据的可用性和准确度，本章选择滚动优化的预测时域和控制时域均为 6 h，即预测时域和控制时域的时长为 $N_p = N_c = 24$，并根据超短期预测数据制订调度计划，每一个步长下滚动优化的目标函数为

$$\mathrm{min}C_{\mathrm{ro}} = \sum_{t}^{t+N_p} (C_{m,\mathrm{ro}}^t + C_{d,\mathrm{ro}}^t + C_{f,\mathrm{ro}}^t + C_{\mathrm{ESS,ro}}^t + C_{\mathrm{grid,ro}}^t + C_{\Delta\mathrm{grid,ro}}^t + C_{p,\mathrm{ro}}^t), \forall\, t \in T_2$$

$$(8\text{-}10)$$

式中　C_{ro}——日内每一次滚动优化的调度成本；

　　　t——日内滚动优化调度的起始时刻；

　　　N_p——预测时域的长度。

所建立微电网日内滚动优化调度模型的紧凑形式为

$$\begin{cases} \min_{x,y_r} & \boldsymbol{c}^{\mathrm{T}}x + \boldsymbol{d}^{\mathrm{T}}y_{\mathrm{ro}} \\ \mathrm{s.t.} & \boldsymbol{A}x + \boldsymbol{B}y_{\mathrm{ro}} \geqslant \boldsymbol{e}_{\mathrm{ro}} \\ & \boldsymbol{C}x + \boldsymbol{D}y_{\mathrm{ro}} = \boldsymbol{f}_{\mathrm{ro}} \\ & \boldsymbol{I}y_{\mathrm{ro}} = u_{\mathrm{ro}} \end{cases}$$

$$(8\text{-}11)$$

式中　$\boldsymbol{c},\boldsymbol{d}$——日内目标函数中的系数列向量；

　　　$\boldsymbol{C},\boldsymbol{D},\boldsymbol{I}$——日内场景下等式约束的系数矩阵；

　　　$\boldsymbol{f}_{\mathrm{ro}}$——日内场景下等式约束的常数列向量；

　　　$\boldsymbol{A},\boldsymbol{B}$——日内场景下不等式约束的系数矩阵；

　　　$\boldsymbol{e}_{\mathrm{ro}}$——日内场景下不等式约束的常数列向量；

　　　y_{ro}——日内场景下的优化变量；

　　　u_{ro}——日内期望场景下的输入变量。

其表达式为

$$\begin{cases} x = [\mathrm{on}_{\mathrm{MT,ro}}^t, \mathrm{on}_{\mathrm{DG,ro}}^t, u_{\mathrm{chars,ro}}^t, u_{\mathrm{dischars,ro}}^t, P_{\mathrm{gridin,ro}}^t, P_{\mathrm{gridout,ro}}^t] \\ y_r = [P_{\mathrm{MT,ro}}^t, P_{\mathrm{DG,ro}}^t, P_{\mathrm{char,ro}}^t, P_{\mathrm{dischar,ro}}^t, P_{\mathrm{EV,ro}}^t, \Delta P_{\mathrm{gridin,ro}}^t, \Delta P_{\mathrm{gridout,ro}}^t], \forall\, t \in T_2 \\ u_r = [P_{\mathrm{PV,ro}}^t, P_{\mathrm{WT,ro}}^t, P_{\mathrm{Load,ro}}^t] \end{cases}$$

$$(8\text{-}12)$$

8.3.4　日内实时平抑阶段的数学模型

可再生能源出力、负荷需求以及日内超短期预测数据的预测误差使超短期最优功率分配与系统实时运行之间无法完美匹配，为了平抑不确定因素波动给系统实时运行带来的功率偏差，需要在日内超短期调度阶段后引入实时平抑阶段，以满足微电网系统实际运行时不断变化的调度需求。实时平抑阶段在不改变日前调度决策的情况下，通过与电网的实时交互对功率偏差进行平抑，日内实时调度阶段的目标函数为

$$C_{\mathrm{real}} = \Delta C_{\mathrm{grid}}(t), \forall\, t \in T_2$$

$$(8\text{-}13)$$

$$P_{\mathrm{PV},r}^t + P_{\mathrm{WT},r}^t + P_{\mathrm{EV},r}^t + P_{\mathrm{MT},r}^t + P_{\mathrm{DG},r}^t + P_{\mathrm{grid},r}^t + \Delta P_{\mathrm{grid},r}^t + P_{\mathrm{ESS},r}^t(t)$$

$$= P_{\mathrm{Load},r}^t, \forall\, t \in T_2$$

$$(8\text{-}14)$$

式中 C_{real}——日内调度阶段在时刻 t 的调度成本；

$\Delta C_{grid}(t)$——时刻 t 与电网交互功率增量的惩罚成本。

8.4 算例分析

8.4.1 算例描述及参数设置

本章以图 7-1 所示低压微电网为研究对象，验证本章所提的随机优化模型和多时间尺度调度策略的有效性。风光发电功率和负荷需求数据均来自 Elia 网站并进行适当处理，其预测误差的标准偏差引自相关文献并做适当处理[200-201]。微电网调度模型参数如表 8-1 和表 8-2 所示。与电网的实时交互电价如图 8-3 所示。本章设置日内电价惩罚机制减少对电网的冲击，日内功率缺额买电电价为日前电价的 2.0 倍，卖电电价为日前电价的 0.5 倍。

表 8-1　微电网调度模型参数

变量类型	符号	参数值
辅助变量	T	24 h
	Δt_1	1 h
	Δt_2	15 min
系统参数	$P_{DG}^{min}, P_{DG}^{max}$	8 kW,80 kW
	$P_{MT}^{min}, P_{MT}^{max}$	6 kW,60 kW
	$P_{grid}^{min}, P_{grid}^{max}$	-150 kW,150 kW
	a, b, c	0.000 11($/kW · h^2$),0.058 3($/kW · h),0.52($)
	C_{price}	0.532($/m^3$)
	k_{PV}, k_{WT}	0.001 4($/kW · h$),0.0043($/kW · h$)
	k_{MT}, k_{DG}	0.006 4($/kW · h$),0.013 3($/kW · h$)
	η_{MT}	0.48
	SU_{DG}, SD_{DG}	0.24($),0.24($)
	SU_{MT}, SD_{MT}	0.48($),0.48($)
	LHV	9.7($kW · h/m^3$)

表 8-2 储能系统和电动汽车模型参数

变量类型	符号	参数值
参数	$P_{ESS}^{min}, P_{ESS}^{max}$	-20 kW, 20 kW
	SOC^0	0.5
	SOC^{min}	0.1
	SOC^{max}	0.9
	P_{rated}	75 kW·h
	η_c, η_d	0.95, 0.95
	P_{EV}^{max}	7.3 kW
	E_{100}	15.84 kW·h
	E_{EV}	70 kW·h
	μ_a, σ_a	8.92, 3.41
	μ_s, σ_s	17.6, 3.4
	μ_D, σ_D	3.2, 0.88

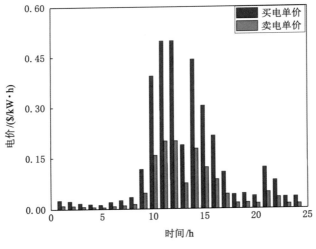

图 8-3 分时购售电价

在实时调度中,微电网内风光发电功率和负荷需求功率的预测误差是根据历史数据进行设置的。本章中日前风光发电功率和负荷需求功率的预测误差分别为预测值的 20%、25% 和 10%,日内超短期预测阶段风光发电功率和负荷需求功率的预测误差分别为预测值的 10%、10% 和 5%[202],各时段的风光发电功率和负荷需求功率的预测数据和波动区间如图 8-4 所示。

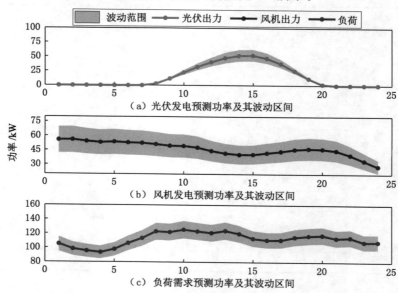

图 8-4 可再生能源发电和负荷需求日前预测功率及其波动区间

本章所建立的优化调度模型从优化问题的分类上可视为混合整数二次规划问题。具体利用 MATLAB 下的 YALMIP 工具箱进行建模,并采用 CPLEX12.8 求解器进行模型求解,具体计算机平台的处理器为 2.10 GHz,AMD Ryzen 5 3500U,内存为 8 GB。

8.4.2 日前阶段随机优化结果分析

为验证所提模型和调度策略的有效性,设置如下两个算例进行对比分析。

算例 1:确定性调度模型,制订日前调度计划时不考虑风光发电功率和负荷需求的不确定性,日内调度偏差结合日内超短期预测数据和滚动优化策略得到最优功率分配,实时功率偏差完全由电网平抑。

算例 2:计及微电网系统的不确定性,制订日前调度计划时考虑风光发电功率和负荷需求的不确定性,日内调度偏差结合日内超短期预测数据和滚动优化策略得到最优功率分配,实时功率偏差完全由电网平抑。

为模拟风光发电量和负荷需求存在的不确定性,本章选择策略 2 的置信水平为 0.90,并采用蒙特卡洛方法生成 200 个随机场景,分别模拟可再生能源发电量和负荷需求的预测误差,生成场景的曲线如图 8-5 所示。由图 8-5 可知,生成场景的值在预测值附近上下波动,因此难以通过现有方法进行精准预测。

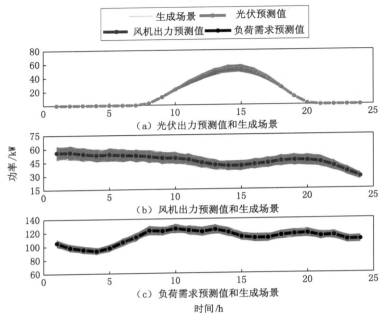

图 8-5　置信水平为 0.90 时风光发电量和负荷需求的日前生成场景

　　根据本章构建的基于期望场景下的日前随机优化调度模型,不同策略下的日前优化调度结果如图 8-6 所示。

　　图 8-6 所示为不同策略下的日前最优功率分配结果。图 8-6(a)所示为算例 1 下的日前最优功率分配结果,在整个日前调度区间内,微型燃气轮机在第 9 个时刻到第 16 个时刻进行发电,其中在第 10 个时刻到第 12 个时刻和第 14 个时刻以最大功率持续供电,这是因为上述时段的电价较高。为了避免微型燃气轮机的频繁启停对设备造成损坏,本章设置了启停成本应对上述问题,因此微型燃气轮机在第 13 个时刻和第 15 个时刻以设备允许的最低功率持续运行,保证设备不停机。柴油发电机在第 10 个时刻到第 12 个时刻和第 14 个时刻向微电网系统供电,这是因为上述时段的电价较高。柴油发电机的参与有效保证了系统在高卖电电价时刻以最大功率向电网卖电,有效降低了运行成本。储能系统在第 9 个时刻到第 12 个时刻、第 14 个时刻到第 15 个时刻和第 21 个时刻到第 22 个时刻放电,这是因为上述时段的卖电电价较高;在第 3 个时刻到第 5 个时刻、第 13 个时刻、第 18 个时刻到第 20 个时刻和第 23 个时刻到第 24 个时刻充电,这是因为上述时段的买电电价较低。储能系统的参与有效保证了可再生能源的

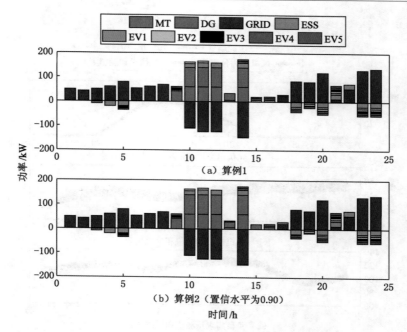

图 8-6　不同策略下的日前调度结果

消纳,并通过与电网的实时交互降低了系统的运行成本,充分体现了储能系统在参与微电网优化调度中的灵活性,有效起到了削峰填谷的作用。电网在保证系统稳定运行的过程中发挥着非常重要的作用:在电价较低的时段,微电网从电网买电从而在满足功率平衡的同时向储能系统充电;在电价较高的时段,系统以最大功率向电网卖电。由图 8-6(a)可知,微电网系统根据与电网交互电价的峰谷值和电动汽车的状态制定具体的充放电决策,在买电电价较高的时段,电动汽车向微电网放电,可以减少向电网购买的电量。电动汽车的参与能够在保证微电网稳定运行的前提下有效减小微电网的综合运行成本。

由于不确定参数波动区间对日前调度决策存在影响,为了分析置信水平对所提的随机优化策略性能的影响,本章选取 0.85、0.90、0.95 三组置信水平进行对比分析并求解,得到的日前调度成本如表 8-3 所示。图 8-6 和图 8-7 分别为不同策略下的日前调度结果和调度决策。由表 8-3 可知,随着置信水平的提高,所制订的日前调度计划在不断变化,导致了各可控分布式微源日前调度决策发生改变,但总体日前调度成本未发生较大变化,这主要是因为日前调度决策的改变对具体分布式发电微源的功率分配影响较小。图 8-6(b)所示为算例 2(置信水平为 0.90)下的日前最优功率分配结果,对比图 8-6 和图 8-7 的调度结果可知,储能系统的充放电决策有较大差异,微型燃气轮机作为主要的能量供给源,其调度决策未发生改变,相比算例 1,算例 2 情况下柴油发电机有更长的时间运行在启动状态,这是因为算例 2 在制定日前调度决策时充分考虑了生成场景下系统运行的稳定性,导致所制定的调度决策相比算例 1 有较大调整。此外储能系统在整个优化调度中起着削峰填谷的作用,因此在考虑不确定参数后储能系统的运行变得更加活跃。由于日前预测数据的精度会影响微电网的运行成本,因此充分考虑不确定性的影响,可以有效保证系统的稳定经济运行。

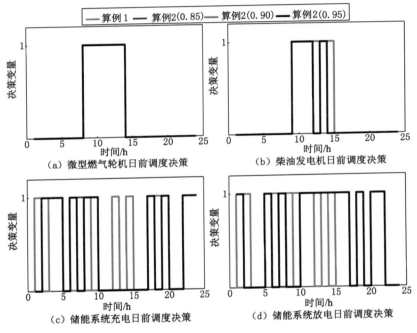

图 8-7　不同调度策略下的日前调度决策

表 8-3　不同调度策略下的日前调度成本

策略	日前调度成本/$
算例 1	81.81
算例 2($\alpha = 0.85$)	82.28
算例 2($\alpha = 0.90$)	82.28
算例 2($\alpha = 0.95$)	82.26

8.4.3　日内调度结果分析

风光发电量、负荷需求和净负荷的日内实时运行数据如图 8-8 所示。

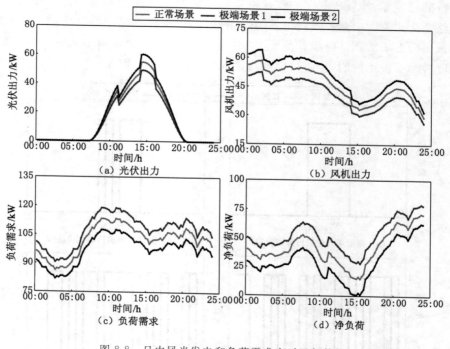

图 8-8　日内风光发电和负荷需求实时运行数据

为了验证所提调度策略在降低微电网系统运行成本中的有效性,设置如下三种场景进行对比分析。

期望场景:风光发电功率和负载需求功率的预测数据均处于期望值;

极端场景 1:负载需求功率处于预测值波动上限,风光发电功率处于日前预测值波动下限;

极端场景 2:风光发电功率处于预测值波动上限,负载需求功率处于预测值波动下限。

由于可再生能源出力和负荷需求日内超短期预测数据与日前预测数据存在一定的偏差,日内滚动优化调度策略根据日前调度决策和实时更新的预测信息滚动求解超短期调度模型,最终得到系统的最优功率分配。日内优化调度在确保日前调度决策有效性的前提下,有效降低了日前预测误差对日内调度结果准确性和经济性的影响。为了精确评估本章提出的微电网多时间尺度策略在不同运行场景下提高运行经济性方面的作用,将选择算例 1 和算例 2 两种不同的调度策略进行对比分析。

根据日内滚动优化调度未来 6 h 的超短期预测信息制订下一个调度时刻的调度计划,该调度计划更接近真实的实际状态,日内滚动优化阶段根据更小预测范围的数据进行响应调整,利用微型燃气轮机、柴油发电机、储能系统、与电网交互和电动汽车的充放电进行风光发电量偏差的有效平抑。期望场景下不同调度策略的日内滚动优化调度结果如图 8-9 所示。

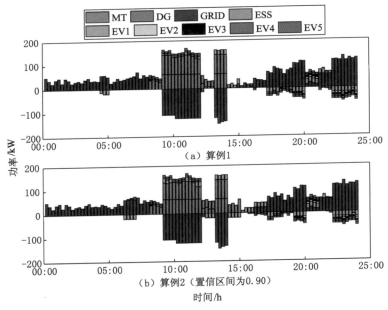

图 8-9　期望场景下的日内滚动优化调度结果

由图 8-9 可知,风光发电量被完全消纳,实现可再生能源出力的最大化利用。当清洁能源发电功率不能满足供需平衡时,系统通过向电网购电保证微电网系统的稳定运行。储能系统在满足荷电状态约束条件的前提下,在低电价且负荷需求量较低的时段进行充电,在高电价时段或者在负荷需求量较高的时段放电。储能系统作为满足供需平衡的缓冲设备与系统内其他分布式微源互补,实现了削峰填谷的作用。当与电网交互功率处于约束的上下限或者购售点的电价较高时,微型燃气轮机充分发挥其可控可调的特性来满足系统的功率需求,微型燃气轮机在高电价时段(第 37 个时隙到第 64 个时隙)为系统提供能量支持,避免在高峰时段与电网交互买电,一定程度上缓解了在该时段与电网的能量交互行为,并且保证了微电网的稳定经济运行。柴油发电机在负荷需求较大或者卖电电价较高时启动发电,柴油发电机在高电价时段(第 33 个时隙到第 48 个时隙,第 53 个时隙到第 56 个时隙)启动发电,这样可在一定程度上增大系统卖电的收入,从而有效增强微电网与电网的能量交互效率,降低微电网的整体运行成本。电动汽车只有在可进行充放电的时段才参与系统响应,在满足电动汽车充放电时段的约束的前提下,电动汽车往往在买电电价较高、可再生能源发电量较高的时段充电,在卖电电价较高的时段不充或者反向放电。电动汽车通过充放电的方式参与微电网优化调度,很好地增强了系统对清洁能源发电量和负荷需求波动的响应能力,降低了不确定性变量对微电网稳定经济运行的影响。

不同调度策略下的系统运行成本如表 8-4 所示。

表 8-4　不同调度策略下的系统运行成本

场景	策略	成本 1 / \$	成本 2 / \$	总成本 / \$
期望场景	算例 1	92.60	27.66	120.26
	算例 2($\alpha = 0.85$)	92.35	27.66	120.01
	算例 2($\alpha = 0.90$)	89.77	27.66	117.43
	算例 2($\alpha = 0.95$)	94.25	27.66	121.91
极端场景 1	算例 1	153.84	26.62	180.46
	算例 2($\alpha = 0.85$)	146.72	26.62	173.34
	算例 2($\alpha = 0.90$)	129.16	26.62	155.78
	算例 2($\alpha = 0.95$)	145.46	26.62	172.08
极端场景 2	算例 1	65.61	28.73	94.34
	算例 2($\alpha = 0.85$)	62.93	28.73	91.66
	算例 2($\alpha = 0.90$)	65.62	28.73	94.35
	算例 2($\alpha = 0.95$)	65.85	28.73	94.58

两种极端场景下的调度结果如图 8-10 和图 8-11 所示。

由图可知,在极端场景 1 下,可再生能源出力处于波动区间的下限,而负荷需求量为波动区间的上限,因此相比于期望场景和极端场景 2 需要更多的能量支持。极端场景 1 相比其他两种场景负荷需求量更多,在每个调度时段都需要向电网购买更多的电量,与电网进行交互满足系统的功率平衡是更经济的选择,说明与电网交互是实现系统能量平衡的重要保证。由于在该场景下微电网系统需要提供更多的发电量才能实现供需平衡,因此微型燃气轮机和柴油发电机在启动时段产生更多的发电量。

在极端场景 2 下,可再生能源出力处于波动区间的上限,而负荷需求量为波

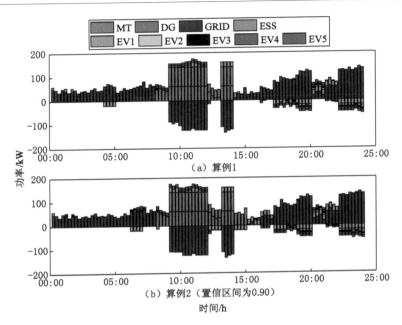

图 8-10 极端场景 1 下的日内滚动优化调度结果

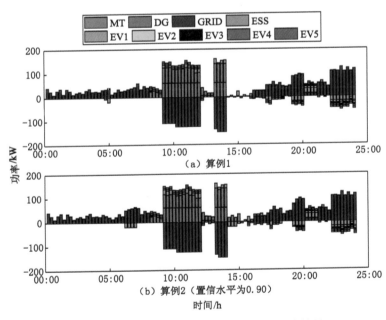

图 8-11 极端场景 2 下的日内滚动优化调度结果

动区间的下限,因此相比于期望场景和极端场景 1 需要提供更少的能量支持。极端场景 2 相比其他两种场景负荷需求量更少,在每个调度时段向电网购电量更少,说明与电网交互是实现系统能量平衡的重要保证。由于在该场景下微电网系统需要提供更少的发电量才能实现供需平衡,因此微型燃气轮机和柴油发电机在启动时段产生更少的发电量。由于算例 2 在制定日前调度决策时考虑了系统在不确定参数波动区间内运行的稳定性,因此储能系统和电动汽车的充放电转换频率要大于算例 1 下的优化调度结果,因此算例 2 的优化调度模型和调度策略在经济性方面具有更好的表现。

不同场景下的日内实时平抑结果如图 8-12 所示。

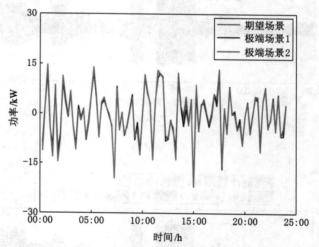

图 8-12   不同场景下的日内实时平抑结果

不同调度策略下的系统在月平均运行成本如表 8-5 所示。

表 8-5   不同调度策略下月平均运行成本

场景	策略	日前成本 / $	日内成本 / $
月运行场景	算例 1	126.25	154.28
	算例 2($\alpha=0.85$)	126.28	153.09
	算例 2($\alpha=0.90$)	126.28	152.10
	算例 2($\alpha=0.95$)	126.30	153.07

不确定参数置信水平的选择会对日内调度结果产生影响,表 8-4 和表 8-5 所示为不同调度策略和置信水平下微电网的运行成本,其中成本 1 为日内滚动

阶段调度成本,成本 2 为日内实时阶段功率平抑成本。表 8-4 所示为不同调度策略在某个典型日的运行结果,由表 8-4 可知,相比算例 1(不考虑不确定参数对系统运行调度的影响),算例 2 具有更低的日内运行成本;当采用算例 2 对微电网系统进行优化调度时,不同置信水平会明显影响调度结果的经济性。

设定置信水平为 0.85,在期望场景下,算例 2 比算例 1 日内总运行成本降低了 0.21%;在极端场景 1 下,算例 2 比算例 1 的日内总运行成本降低了 3.95%;在极端场景 2 下,算例 2 比算例 1 的日内总运行成本降低了 2.84%。设定置信水平为 0.90,在期望场景下,算例 2 比算例 1 日内总运行成本降低了 2.35%;在极端场景 1 下,算例 2 比算例 1 的日内总运行成本降低了 13.68%;在极端场景 2 下,算例 2 和算例 1 的日内总运行成本基本保持一致。设定置信水平为 0.95,在期望场景下,算例 2 比算例 1 日内总运行成本增加了 1.37%;在极端场景 1 下,算例 2 比算例 1 的日内总运行成本降低了 4.64%;在极端场景 2 下,算例 2 比算例 1 的日内总运行成本增加了 0.25%。这是因为上述两种调度策略所考虑不确定参数的置信区间较大,因此使得在制定日前调度决策时充分考虑到了日前预测数据存在的误差。

根据不同调度策略在典型日下的调度结果可知,置信水平为 0.90 时调度结果的经济性最好。为了验证所提策略在长时间运行中的有效性,表 8-5 展示了微电网系统在一个月调度优化中的平均运行成本,由表 8-5 可知,算例 2 下的日内总运行成本明显小于算例 1,对比算例 1,置信水平为 0.85、0.90 和 0.95 算例 2 下月平均运行成本分别降低了 0.77%、1.41%、0.78%。

根据不同策略在一个月尺度下的运行结果可得如下结论:

(1)本章所提策略可以有效应对不确定因素对微电网调度结果的影响,有效提高系统运行的经济性。

(2)置信水平的选择对所提策略的控制性能有较大影响,因此在实际调度运行过程中需根据历史数据和运行特性选择合适的置信水平,从而实现微电网长时间运行的经济性最优。

综上所述,算例 2 所提优化调度策略有效降低了日前预测误差引起的日内实际运行成本增加。此外,算例 2 能在确保日前调度计划有效性的基础上,提高微电网日内实际运行的经济性和鲁棒性,并降低不确定变量对调度结果准确性的影响。

8.5　本章小结

本章采用多场景建模的方式模拟微电网的不确定性,并提出多时间尺度随机优化策略对系统进行优化调度。所提策略以期望场景的运行成本为主要优化目标,并保证调度决策在多种随机场景下可稳定运行,为微电网运行提供最佳协调调度方案。主要结论如下:

(1)日前控制决策的保守性可通过设定不确定参数的置信水平灵活调整,相比于传统确定性模型的调度结果,本章所提日前调度模型具有更强的鲁棒性。

(2)日内滚动优化调度在确保日前调度决策有效性的同时,有效降低了日前预测误差对系统运行成本的影响,并提高了微电网日内调度结果的经济性、准确性和接入电网时的稳定性。

(3)本章所提的多时间尺度随机优化调度策略的调度结果相比于确定性优化策略具有更低的运行成本,且在一个月的运行结果中具有更好的经济性。

9 微电网多时间尺度鲁棒优化调度

9.1 引言

上一章提出的多时间尺度随机优化策略对包含不确定性的微电网优化调度问题进行了研究,并有效提高了系统运行的经济性和鲁棒性,但是该策略的控制性能与不确定变量预测误差的准确度密切相关。微电网系统内多种不确定性变量存在相互耦合的情况,这使得获取不确定变量的概率分布变得更加复杂,给随机优化策略的实施带来了较大的困难和挑战。此外,随着生成场景数量的增多,也增加了微电网调度模型求解的难度。鲁棒优化是另一种不确定变量处理方法,其相比于随机优化不需要精确的概率分布,而是将不确定变量的预测值表征为区间的形式,因此不会给模型搭建和求解造成较大困难。为了有效应对上述挑战,并考虑到微电网在大部分调度时刻都运行在期望场景,本章将可再生能源出力和负荷需求的预测数据描述为区间的形式,并综合考虑期望场景和极端场景的能量平衡,提出了一种多时间尺度鲁棒优化策略。具体通过协调日前阶段和日内阶段调度安排,使机组调度决策在不确定因素波动区间内具有约束可行性,从而提高所制订微电网调度计划的经济性和鲁棒性,并降低传统鲁棒优化策略的保守性。

9.2 微电网多时间尺度鲁棒优化调度框架

为了有效模拟可再生能源出力和负荷需求存在的不确定性,本章提出了一种多时间尺度鲁棒优化调度策略,将整个微电网优化调度过程划分为日前鲁棒优化调度、日内滚动优化调度和日内实时平抑三个阶段,该策略具体调度框架如图 9-1 所示。

在日前随机优化调度阶段,基于微电网风光发电功率和负荷需求的日前预测数据,综合考虑两种极端场景下的运行成本、市场分时电价等因素,并将微电网中可再生能源出力及负荷需求的日前预测值描述为区间的形式,在此基础上以日运行成本最低为目标建立日前鲁棒优化调度模型,从而在制定日前调度决策时充分考虑系统不确定性的影响。日内调度策略与第 3 章一致,在不改变日前调度决策的前提下,根据不断更新的预测信息和实时运行状况制定日内最优功率分配,有效保证系统的稳定经济运行。

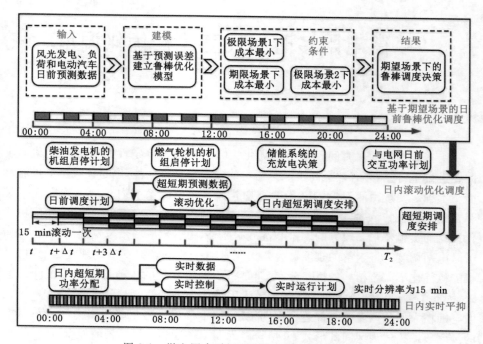

图 9-1　微电网多时间尺度鲁棒优化调度框架

9.3　微电网多时间尺度鲁棒优化模型

9.3.1　日前鲁棒调度模型

　　传统的微电网调度模型通常将可再生能源的输出和负荷需求描述为确定性的数值。当分布式发电微源接入微电网后,会给电力系统带来较大的波动性和间歇性,影响调度规划的制定。此外,负荷需求受用户心理和使用时间等因素的影响,现有技术难以实现准确预测,这会给需求侧带来更大的不确定性。随着源-网-荷交互作用的增加,系统存在的不确定性会影响微电网运行的稳定性。根据实际工程经验,获得预测值的区间是比较容易的。本章将可再生能源输出和负荷的预测值描述为具有区间变化的不确定参数,并在建模过程中引入区间

运行稳定性约束,使系统在不确定参数波动时仍能安全稳定地运行[203-204]。不确定参数的表述如下

$$P_{\text{PV}}^{t,r} \in [P_{\text{PV}}^{t,f} + \Delta P_{\text{PV}}^{t,l}, P_{\text{PV}}^{t,f} + \Delta P_{\text{PV}}^{t,u}] \quad \forall t = 1, \cdots, T \tag{9-1}$$

$$P_{\text{WT}}^{t,r} \in [P_{\text{WT}}^{t,f} + \Delta P_{\text{WT}}^{t,l}, P_{\text{WT}}^{t,f} + \Delta P_{\text{WT}}^{t,u}] \quad \forall t = 1, \cdots, T \tag{9-2}$$

$$P_{\text{Load}}^{t,r} \in [P_{\text{Load}}^{t,f} + \Delta P_{\text{Load}}^{l}, P_{\text{Load}}^{t,f} + \Delta P_{\text{Load}}^{u}] \quad \forall t = 1, \cdots, T \tag{9-3}$$

式中,$\Delta P_{\text{PV}}^{t,l}, \Delta P_{\text{PV}}^{t,u}, \Delta P_{\text{WT}}^{t,l}, \Delta P_{\text{WT}}^{t,u}, \Delta P_{\text{Load}}^{t,l}, \Delta P_{\text{Load}}^{t,u}$分别表示光伏、风机和负荷需求预测数据的最大可允许误差。

假设 t 时段内系统可再生能源出力和负荷需求在式(9-1)~式(9-3)所示的波动范围内取值。为了找到能量平衡约束在两种极端场景下的表达形式,本章根据文献中的鲁棒优化方法,建立极端场景下的能量平衡约束表达式。

极端场景 1 下的能量平衡表达式为

$$\begin{aligned}
&P_{\text{MT}}(t) + P_{\text{DG}}(t) + P_{\text{ESS}}(t) + P_{\text{grid}}(t) - P_{EV}(t) \\
&= \max[P_{\text{Load}}(t) - P_{\text{PV}}(t) - P_{\text{WT}}(t)] \\
&= P_{\text{Load}}(t) - P_{\text{PV}}(t) - P_{\text{WT}}(t) + \max[n_{\text{Load}}^{l}(t)P_{\text{Load}}^{l}(t) + n_{\text{Load}}^{u}(t)P_{\text{Load}}^{u}(t) - \\
&\quad n_{\text{PV}}^{l}(t)P_{\text{PV}}^{l}(t) - n_{\text{PV}}^{u}(t)P_{\text{PV}}^{u}(t) - n_{\text{WT}}^{l}(t)P_{\text{WT}}^{l}(t) - n_{\text{WT}}^{u}(t)P_{\text{WT}}^{u}(t)] \\
&\qquad\qquad\qquad\qquad\qquad \forall t = 1, \cdots, T
\end{aligned} \tag{9-4}$$

$$n_{\text{Load}}^{l}(t) + n_{\text{Load}}^{u}(t) + n_{\text{PV}}^{l}(t) + n_{\text{PV}}^{u}(t) + n_{\text{WT}}^{l}(t) + n_{\text{WT}}^{u}(t) \leqslant \Gamma(t)$$
$$\forall t = 1, \cdots, T \tag{9-5}$$

$$0 \leqslant n_{\text{Load}}^{l}(t), n_{\text{Load}}^{u}(t), n_{\text{PV}}^{l}(t), n_{\text{PV}}^{u}(t), n_{\text{WT}}^{l}(t), n_{\text{WT}}^{u}(t) \leqslant 1$$
$$\forall t = 1, \cdots, T \tag{9-6}$$

由于上述最大化优化调度问题很难采用现有理论进行求解,因此本章使用对偶理论将最大优化问题转化为最小优化问题进行求解[205-206]

$$\min[\lambda_p \Gamma_p(t) + \mu_{\text{Load}}^{l}(t) + \mu_{\text{Load}}^{u}(t) + \mu_{\text{PV}}^{l}(t) + \mu_{\text{PV}}^{u}(t) + \mu_{\text{WT}}^{l}(t) + \mu_{\text{WT}}^{u}(t)]$$

s.t.

$$\begin{cases}
\lambda_p(t) + \mu_{\text{Load}}^{l}(t) \geqslant \Delta P_{\text{Load}}^{l}(t), \\
\lambda_p(t) + \mu_{\text{Load}}^{u}(t) \geqslant \Delta P_{\text{Load}}^{u}(t) \\
\lambda_p(t) + \mu_{\text{PV}}^{l}(t) \geqslant \Delta P_{\text{PV}}^{l}(t), \\
\lambda_p(t) + \mu_{\text{PV}}^{u}(t) \geqslant \Delta P_{\text{PV}}^{u}(t), \\
\lambda_p(t) + \mu_{\text{WT}}^{l}(t) \geqslant \Delta P_{\text{WT}}^{l}(t), \\
\lambda_p(t) + \mu_{\text{WT}}^{u}(t) \geqslant \Delta P_{\text{WT}}^{u}(t), \\
\lambda_p(t), \mu_{\text{Load}}^{t,l}(t), \mu_{\text{Load}}^{t,u}(t) \geqslant 0, \\
\mu_{\text{PV}}^{t,l}(t), \mu_{\text{PV}}^{t,u}(t), \mu_{\text{WT}}^{t,l}(t), \mu_{\text{WT}}^{t,u}(t) \geqslant 0 \\
\forall t = 1, \cdots, T
\end{cases} \tag{9-7}$$

极端场景 2 下的能量平衡表达式和约束条件为

$$P_{\mathrm{MT}}(t) + P_{\mathrm{DG}}(t) + P_{\mathrm{ESS}}(t) + P_{\mathrm{grid}}(t) + P_{\mathrm{EV}}(t)$$
$$= \min[P_{\mathrm{Load}}(t) - P_{\mathrm{PV}}(t) - P_{\mathrm{WT}}(t)]$$
$$= P_{\mathrm{Load}}(t) - P_{\mathrm{PV}}(t) - P_{\mathrm{WT}}(t) + \min[e_{\mathrm{Load}}^{l}(t)P_{\mathrm{Load}}^{l}(t) + e_{\mathrm{Load}}^{u}(t)P_{\mathrm{Load}}^{u}(t) -$$
$$P_{\mathrm{PV}}^{l}(t)P_{\mathrm{PV}}^{l}(t) - e_{\mathrm{PV}}^{u}(t)P_{\mathrm{PV}}^{u}(t) - e_{\mathrm{WT}}^{l}(t)P_{\mathrm{WT}}^{l}(t) - e_{\mathrm{WT}}^{u}(t)P_{\mathrm{WT}}^{u}(t)]$$
$$\forall t = 1, \cdots, T \tag{9-8}$$

$$e_{\mathrm{Load}}^{l}(t) + e_{\mathrm{Load}}^{u}(t) + e_{\mathrm{PV}}^{l}(t) + e_{\mathrm{PV}}^{u}(t) + e_{\mathrm{WT}}^{l}(t) + e_{\mathrm{WT}}^{u}(t) \leqslant E(t)$$
$$\forall t = 1, \cdots, T \tag{9-9}$$

$$0 \leqslant e_{\mathrm{Load}}^{l}(t), e_{\mathrm{Load}}^{u}(t), e_{\mathrm{PV}}^{l}(t), e_{\mathrm{PV}}^{u}(t), e_{\mathrm{WT}}^{l}(t), e_{\mathrm{WT}}^{u}(t) \leqslant 1$$
$$\forall t = 1, \cdots, T \tag{9-10}$$

微电网优化运行的目标是在保证稳定运行的前提下实现系统的经济运行，考虑两种极端场景下日前调度阶段的目标函数为

$$\min_{x} C^{\mathrm{ahead}} = C(x) + \omega_1 \Delta C_1(x, u) + \omega_2 \Delta C_2(x, u) \tag{9-11}$$

式中 ω_1 和 $\omega_2 (0 < \omega < 1)$——极端场景 1 和极端场景 2 的优化因子。

上述两个优化因子可有效调整微电网日前调度阶段目标函数的形式，并实现对调度决策鲁棒性的调节。

9.3.2 日内调度阶段的数学模型

由于日前预测数据存在较大温差且日内实时运行具有较大波动性，因此在日内调度阶段根据不断更新的预测信息制订调度计划，从而提高日内调度结果的经济性和准确性。本章采用的日内调度策略与第 8 章一致，其具体优化调度模型如式(8-10)～式(8-14)所示。

9.4 策略设计

本章微电网的参数设置和运行场景与第 8 章一致。由于微电网的日前预测数据存在误差，因此通过将日前预测数据描述为具有上下限的区间变量来模拟系统的不确定性。为了进一步分析所提出策略在包含不确定性微电网优化调度方面的有效性，设计了如下四种策略进行对比研究。

策略 1:基于日前预测数据制定日前调度决策，在日前调度阶段不考虑预测误差。日内调度阶段采用滚动优化策略，并通过最小化每个预测时域的调度成本，获得日内最优功率分配，该阶段不改变日前调度决策。

策略 2:基于日前预测数据制定日前调度决策，在日前调度阶段充分考虑两种极端场景下的运行成本。日内调度阶段采用滚动优化策略，并通过最小化每

个预测时域的调度成本,获得日内最优功率分配,该阶段不改变日前调度决策。

策略 3:基于极端场景 1 下的日前预测数据制定日前调度决策。日内调度阶段采用滚动优化策略,并通过最小化每个预测时域的调度成本,获得日内最优功率分配,该阶段不改变日前调度决策。

策略 4:基于极端场景 2 下的日前预测数据制定日前调度决策。日内调度阶段采用滚动优化策略,并通过最小化每个预测时域的调度成本,获得日内最优功率分配,该阶段不改变日前调度决策。

9.5 日前阶段调度结果

根据本章构建的日前优化调度模型,不同策略下的日前优化调度结果如图 9-2 和图 9-3 所示。

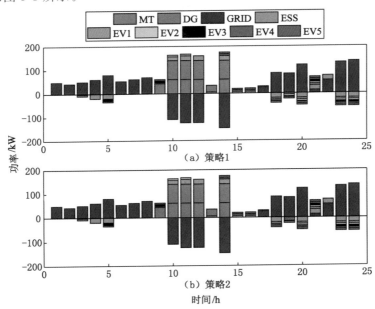

图 9-2 策略 1 和策略 2 下的日前调度结果

图 9-2 中的(a)和(b)分别为策略 1 和策略 2 下的日前调度结果。可以看出,光伏发电在 1～7 h 和 21～24 h 时没有输出功率,由于上述时刻可再生能源的出力较小,微电网内负荷需求的满足主要依靠可再生能源出力,以及微型燃气轮机、柴油发电机、储能系统、电动汽车及大电网供给。其中,微型燃气轮机在高电价时刻以最大发电功率运行,如图 9-2(a)中(9～12 h,14 h)所示。在其余调

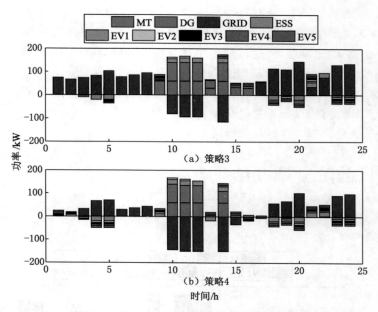

图 9-3 策略 3 和策略 4 下的日前调度结果

度时段,微型燃气轮机因启动和运行成本较高而处于停机阶段,从而有效降低系统运行成本。柴油发电机在高电价时刻以较大发电功率运行(10～14 h),这样在一定程度上保证了系统在高电价时刻向电网的卖电盈利,避免了能源浪费行为的出现。此外,为了避免频繁启停对设备造成的损害,本章设置了启停成本,微型燃气轮机和柴油发电机在部分时段依然会以较小发电功率运行,从而避免连续启停增大系统的运行成本。储能系统在高电价时刻放电(10～12 h,14 h),在低电价时刻充电(3～5 h,18～24 h)。储能系统的存在满足了高峰时刻的用电需求,并在用电低谷时刻将多余的能量储存起来,从而起到了削峰填谷的作用。由于与电网交互功率的限制为 150 kW,微电网系统在高电价时刻时通过电网联络线以最大功率向电网卖电,在低电价时刻和负荷需求不能满足时向电网买电。电网的参与有效保证了微电网系统的稳定运行,并通过交互降低了系统的运行成本。从与电网交互的情况可知,微型燃气轮机充分发挥其调节灵活性来满足功率需求,柴油发电机由于发电成本较高,只有在电价较高的时刻才会启动为系统获取利润。由于电动汽车既可以进行充电又可参与放电,因此其在系统中发挥的作用与储能系统类似,但是不同的是电动汽车可参与微电网系统调度的时段具有较大的不确定性,且电动汽车放电引起的电池损耗成本明显要高于储能系统,因此电动汽车需要优先进行充电从而满足其行驶需求,只会在较少的时刻进行放电,因此其更多充当的是消费者的角色。

为了更直观地对比不同调度策略对日前调度决策和运行成本的影响,相关数据被展示在表 9-1 中。

表 9-1 不同策略下的日前调度决策

调度策略	决策变量	调度决策	运行成本($)
策略 1	微型燃气轮机	[0000000011111100000000000]	81.81
	柴油发电机	[0000000001111100000000000]	
	储能系统充电	[0011100000000000011110011]	
	储能系统放电	[1100011111111111110001100]	
策略 2	微型燃气轮机	[0000000011111100000000000]	81.81
	柴油发电机	[0000000001111100000000000]	
	储能系统充电	[0011111100000000011110011]	
	储能系统放电	[1100000111111110001100]	
策略 3	微型燃气轮机	[0000000011111110000000000]	143.99
	柴油发电机	[0000000011111100000000000]	
	储能系统充电	[0011000000000001110000]	
	储能系统放电	[1100011111111110001111]	
策略 4	微型燃气轮机	[0000000001111100000000000]	20.61
	柴油发电机	[0000000011010000000000]	
	储能系统充电	[0011000000100001110000]	
	储能系统放电	[1100011111110111100011111]	

图 9-3 中的(a)和(b)所示为策略 3 和策略 4 下的日前调度结果。策略 3 和策略 4 是基于极端场景设计的,因此具有较大的不确定性。由图 9-3(a)可知微电网在每个调度时刻都需要满足更大的负荷需求,这导致微型燃气轮机和柴油发电机的运行时段更长且运行功率更大。此外,为了保证调度结果的鲁棒性,微电网向电网买电的功率明显增大,这很大程度上增加了系统的日前调度成本。图 9-3(b)所示为策略 4 下的日前调度结果,该策略假设每个调度时刻可再生能源的出力最大且负荷需求最小,因此微电网在每个调度时刻需要满足的净负荷功率更小。

由图 9-3 可知,微型燃气轮机和柴油发电机的运行时段更短且运行功率更小,此外微电网向电网买电的功率明显增大,这很大程度上导致了系统的日前调度成本明显低于策略 1。表 9-1 为不同优化策略下的日前调度决策和运行成本。由表可知,相比于策略 1,策略 2 的日前调度成本与策略 1 持平,策略 3 的日前调度成本增加了76.01%,策略4的日前运行成本降低了74.50%。出现这种差距的原因是策略2虽然考虑了极端场景下的调度成本,但在制定调度决策时以期望场景下的运行情况为主。策略3和策略4完全根据极端场景下的运行数据制定调度决策,由于策略3下的调度决策是根据极端场景1制定的,在该场景下系统需满足的净负荷量比期望场景大,这极大地增加了系统日前运行成本;策略4下的调度决策是根据极端场景2制定的,在该场景下系统需满足的净负荷量比期望场景小,这极大地减少了系统日前运行成本。因此,可以得出结论,本章所提策略2充分考虑到极端场景下运行数据,提高了调度决策的鲁棒性,且由于调度模型以期望场景的运行状况为主导,因此有效降低了调度结果的保守性。

9.6 日内阶段调度结果

9.6.1 鲁棒参数的影响

由于鲁棒参数对各设备优化运行和系统运行成本有较大影响,为了探讨两种鲁棒参数对微电网系统的影响,本节选取了几个不同的参数值,其运行成本如表9-2和表9-3所示。

表 9-2   策略 3 和期望场景下的日内运行成本随鲁棒因子 Γ_p 的变化情况

Γ_p	日内成本/ $	增加率/%
0.0	120.26	0.00
0.2	116.79	−2.89
0.5	118.04	−1.85
0.8	120.41	0.12
1.0	122.05	1.45
1.2	123.19	2.44
1.5	125.44	4.31
1.8	127.45	5.98
2.0	129.00	7.27
2.2	129.48	7.67
2.5	130.00	8.10
2.8	130.95	8.89
3.0	131.44	9.30

表 9-3　策略 4 和期望场景下的日内运行成本随鲁棒因子 E_p 的变化情况

E_p	日内成本 / $	增加率 / %
0.0	120.26	0.00
0.2	138.62	15.27
0.5	143.44	19.27
0.8	156.56	30.18
1.0	168.24	39.90
1.2	174.57	45.16
1.5	187.03	55.52
1.8	195.60	62.65
2.0	192.70	60.24
2.2	197.77	64.45
2.5	205.78	71.11
2.8	207.63	72.65
3.0	213.01	77.12

表 9-2 和表 9-3 展示了不同鲁棒参数下的日内运行成本。其中 $\Gamma_p = 0$ 表示策略 3 下不确定参数没有波动,$\Gamma_p = 3$ 表示策略 3 下不确定参数最大波动区间。$E_p = 0$ 表示策略 4 下不确定参数没有波动,$E_p = 3$ 表示策略 4 下不确定参数最大波动区间波动。由表 9-2 可知,当鲁棒参数从 0 增加到 3 时,日内运行成本先减小后增加。这是由于鲁棒参数的引入充分考虑了日前预测数据存在的不确定性对日内调度结果的影响。日内成本先出现减小的趋势;但是随着鲁棒参数的不断增大,日前调度决策的保守性也不断增加,导致日内运行成本出现增加的趋势。由表 9-3 可知,当鲁棒参数从 0 增加到 3 时,日内运行成本持续增加了 77.12%。这是因为策略 4 假设可再生能源出力处于波动区间上限而负荷需求处于波动区间下限,这种情况在该调度区间内出现的时段极小。鲁棒参数的引入极大增加了日前调度决策的保守性,因此日内成本出现持续增加的趋势。通过对比不同鲁棒参数对日内运行成本的影响,可以发现系统运行在极端场景下的概率较小,而大部分时段都运行在期望场景下。

9.6.2　优化因子的影响

采用鲁棒优化策略对系统在不同运行场景下的运行成本进行优化调度,所得不同运行场景和优化因子下的成本如图 9-4 所示。

优化因子参数值的选择会显著影响本章所提优化策略的性能。图 9-4 展示了策略 2 下不同运行场景的日内运行成本随优化因子的变化情况。由图可知,

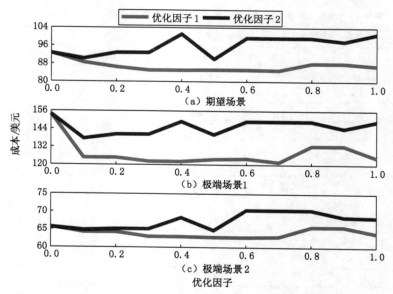

图 9-4　策略 2 下不同运行场景的日内运行成本随优化因子的变化情况

随着优化因子 1 的增加,三种运行场景下的运行成本在大部分参数值下都低于优化前;随着优化因子 2 的增加,三种运行场景下的运行成本在大部分参数值下都高于优化前。这是由于不同调度时段的天气状况和预测技术的准确性决定的,由于微电网运行在期望场景下的概率远大于两种极端场景,并结合不同参数值下的运行情况,两个优化因子分别被设置为 0.5 和 0.1。在实际工程应用中,应根据历史数据和设备安全运行要求选择合适的优化因子,使所提策略在提高系统运行经济性和鲁棒性方面达到最佳性能。

9.6.3　日内阶段调度结果的对比分析

日内阶段在不改变日前制定调度决策的前提下,根据实时更新的超短期预测数据,并采用上述四种优化策略制定机组出力安排。

图 9-5 所示为策略 1 下不同运行场景的日内调度结果,由于日内阶段和日前阶段预测数据存在误差,且日内数据更新时间更短,日内最优功率分配结果与日前阶段存在偏差。图 9-6 所示为策略 2 下不同运行场景的日内调度结果。图 9-7 和图 9-8 所示分别为策略 3 和策略 4 下不同运行场景的日内调度结果,上述两种策略是根据极端场景制定的日前调度决策,因此在日内阶段需要更频繁地与电网进行交互才能满足功率平衡。具体反映在策略 3 在日前调度阶段时假设系统运行在极端场景 1,制定日前调度决策时需要满足更大的净负荷值,因此

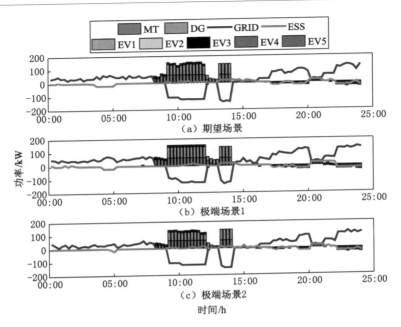

图 9-5 策略 1 下不同运行场景的日内调度结果

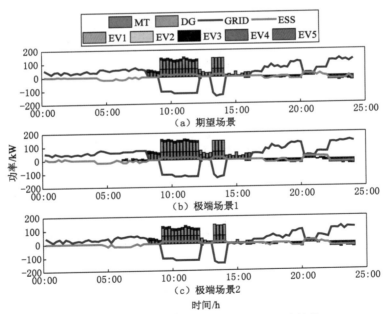

图 9-6 策略 2 下不同运行场景的日内调度结果

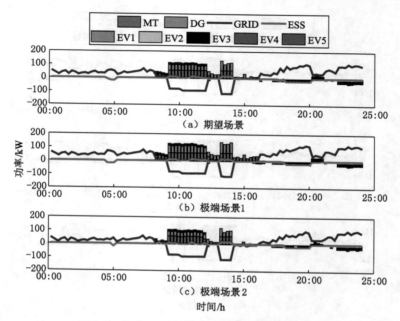

图 9-7 策略 3 下不同运行场景的日内调度结果

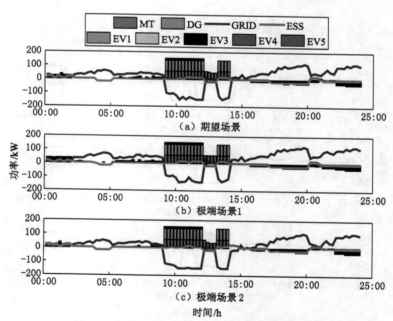

图 9-8 策略 4 下不同运行场景的日内调度结果

相比于策略 1 向电网买入更多的电量。策略 4 在日前调度阶段时假设系统运行在极端场景 2,制定日前调度决策时需要满足更小的净负荷值,因此相比于策略 1 向电网买入更少的电量。

表 9-4 为不同调度策略下的系统运行成本,其中成本 1 为日内滚动阶段调度成本,成本 2 为日内实时阶段功率平抑成本。由表 9-4 可知,在期望场景下,相对于策略 1,策略 2 的日内总运行成本降低了 6.34%;在极端场景 1 下,策略 2 比策略 1 的日内总运行成本降低了 17.46%;在极端场景 2 下,策略 2 比策略 1 的日内总运行成本降低了 3.51%。在期望场景下,对比策略 1,策略 3 的日内总运行成本增加了 9.30%;在极端场景 1 下,策略 3 比策略 1 的日内总运行成本降低了 17.20%;在极端场景 2 下,策略 3 比策略 1 的日内总运行成本增加,相比于优化前可以有效降低极端场景 1 下的运行成本,但在其余两个场景下具有更高的运行成本。策略 4 在三个运行场景下都具有更高的运行成本,这是因为极端场景 2 需要满足更低的净负荷,而在日内运行阶段需要向电网买入更多的电量,这很大程度上增加了系统的成本。为了验证所提策略在长时间运行中的有效性,表 9-5 展示了微电网在一个月调度优化中的平均运行成本,由表 9-5 可知,策略 2 的日内总运行成本明显小于策略 1,对比策略 1,策略 2、策略 3 和策略 4 的月平均运行成本分别降低了 2.11%,增加了 6.59%,增加了 52.06%。根据不同策略在一个月尺度下的运行结果可知,本章所提策略 2 可以有效提高微电网运行的经济性和鲁棒性,并降低调度结果的保守性。图 9-9 所示为不同场景下的日内实时平抑结果。

表 9-4　不同调度策略下的系统运行成本

场景	策略	成本 1/ $	成本 2/ $	总成本/ $
期望场景	策略 1	92.60	27.66	120.26
	策略 2	84.98	27.66	112.64
	策略 3	103.78	27.66	131.44
	策略 4	183.07	27.66	210.73
极端场景 1	策略 1	153.84	26.62	180.46
	策略 2	122.33	26.62	148.95
	策略 3	122.81	26.62	149.43
	策略 4	273.65	26.62	300.27
极端场景 2	策略 1	65.61	28.73	94.34
	策略 2	62.30	28.73	91.03
	策略 3	89.34	28.73	118.07
	策略 4	98.01	28.73	126.74

表 9-5　不同调度策略下月平均运行成本

场景	策略	日前成本 / $	日内成本 / $
月运行场景	策略 1	124.25	154.28
	策略 2	126.26	151.02
	策略 3	179.18	164.45
	策略 4	73.77	234.60

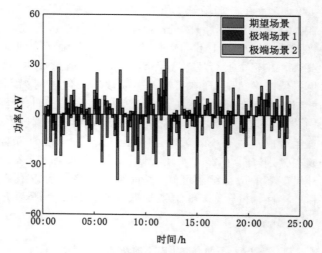

图 9-9　不同场景下的日内实时平抑结果

9.7　两种多时间尺度策略优化调度结果对比

为了直观对比两种多时间尺度策略的调度结果,本章分别在不同调度周期下对两种策略进行仿真分析,其运行成本如表 9-6 和表 9-7 所示,其中成本 1 为日内滚动阶段调度成本,成本 2 为日内实时阶段功率平抑成本。

表 9-6　不同多时间尺度策略的运行成本

场景	策略	成本 1 / $	成本 2 / $	总成本 / $
期望场景	MTSS	89.77	27.66	117.43
	MTSR	84.98	27.66	112.64

表 9-6(续)

场景	策略	成本 1/\$	成本 2/\$	总成本/\$
极端场景 1	MTSS	129.16	26.62	155.78
	MTSR	122.33	26.62	148.95
极端场景 2	MTSS	65.62	28.73	94.34
	MTSR	62.30	28.73	91.03

表 9-7　不同多时间尺度策略的月平均运行成本

场景	策略	日前成本(\$)	日内成本(\$)
月运行场景	MTSS	126.28	152.10
	MTSR	126.26	151.02

表 9-6 为不同策略和运行场景下微电网的运行成本,其中 MTSS 为第 3 章所提出的多时间尺度随机优化策略,MTSR 为第 4 章所提出的多时间尺度鲁棒优化策略。由表可知,在期望场景下,相比于 MTSS,MTSR 下的日内总运行成本降低了 4.08%;在极端场景 1,MTSR 相比于 MTSS 的日内总运行成本降低了 4.38%;在极端场景 2,MTSR 相比于 MTSS 的日内总运行成本降低了 3.51%。表 9-7 展示了微电网在一个月调度优化中不同多时间尺度策略的平均运行成本,由表可知,MTSR 相比于 MTSS 的日内总运行成本降低了 0.71%。

第 9 章所提多时间尺度随机优化策略的性能在很大程度上依赖不确定参数概率分布的准确性,因此当系统可以得到准备的不确定变量概率分布函数时,该策略在微电网优化调度中具有更好的性能。但是在实际工程应用中对策略的可行性存在较高要求,因此这在一定程度上限制了多时间尺度随机优化策略的实施。通过对比不同场景和时间尺度下的运行结果可知,第 4 章所提多时间尺度鲁棒优化策略相比于第 3 章所提多时间尺度随机优化策略具有更好的优化效果。此外,由于不确定参数的波动区间更容易获取,因此该策略在实际工程中具有更好的适用性。

9.8　本章小结

本章提出将不确定变量的参数值描述为区间的形式,并采用多时间尺度鲁棒优化调策略对包含不确定性的微电网进行优化调度。所提策略以期望场景运行成本为主要优化目标,并充分考虑到两种场景下的运行成本,为微电网运行提供最佳协调调度方案。本章主要结论如下。

（1）鲁棒参数和优化因子的选取对调度结果有较大影响，应根据系统实际需求和历史数据进行选取。

（2）不同场景和时间尺度下的仿真结果表明，所提出的策略可以降低期望场景和极端场景的运行成本。

（3）一个月的调度结果验证了所提出的策略在长时间运行中的有效性，所提策略不仅可以提高调度结果的经济性，而且可以降低传统鲁棒优化的保守性。

（4）通过对比两种多时间尺度优化策略的调度结果可知，多时间尺度鲁棒优化策略在提高微电网运行经济性方面具有更好的效果。由于不确定参数的波动区间在实际工程应用中更易获取，本章所提策略具有更好的适用性和可行性。

10 结论与展望

10.1 结论

本书以微电网为对象,建立了微电网接口模型,设计了接口串级控制器,提出了基于分布式一致性算法的微电网控制及优化调度策略,研究了微电网的协调控制及优化调度问题,主要结论如下。

(1)设计了虚拟同步发电机和滑模控制的电压源型逆变器串级控制器。提出了基于滑模电流内环和电压外环的电压源型逆变器控制策略,改善了传统双闭环 PI 控制鲁棒性差和瞬态响应慢的问题;提出了基于虚拟同步发电机功率环控制策略,解决了电压源型逆变器弱惯性问题,提高了交流微电网频率稳定性。

(2)设计了无锁相环软同步控制器。确定了系统同步并联条件,提出了系统软同步控制方法,避免了锁相环对微电网同步控制的负面影响,实现了电压源型逆变器的"即插即用"功能。

(3)设计了虚拟惯性和滑模控制的 Buck-Boost 变换器串级控制器。提出了基于滑模电流内环和电压外环的 Buck-Boost 变换器控制策略,改善了传统双闭环 PI 控制鲁棒性差和瞬态响应慢的问题;提出了虚拟惯性控制策略,解决了 Buck-Boost 变换器弱惯性的问题,提高了直流微电网的电压稳定性。

(4)提出了微电网分布式一致性控制策略。采用分布式通信架构,提出了一种分布式二次控制策略,建立了以发电成本为目标函数的微电网经济调度模型,实现了频率恢复与经济调度。设计了一种交流微电网分布式事件触发方案,有效减少了控制系统智能体间的通信负担。提出了一种直流微电网分布式一致性母线电压控制和经济分配策略,实现了负荷经济分配和母线电压最优调节。

(5)对微电网不确定性来源进行阐述与分析,并建立计及不确定性的微电网优化调度模型。针对构建的典型微电网结构的运行特性,分别建立了光伏发电单元、风机发电单元、可控发电微源、储能装置、与电网交互模型、污染物治理成本模型、电动汽车数学模型,并对各分布式微源和控制器的信息传输进行分析描述,最终通过仿真结果验证了所建立微电网优化调度模型的正确性。

（6）以期望场景为主导的多时间尺度随机优化。提出了一种基于随机优化和滚动优化的多时间尺度优化调度策略，用于求解包含不确定性的微电网优化调度问题。所提策略以期望场景的运行数据为主导，并采用机会约束和多场景建模的方法描述系统的不确定性，保证所制定的调度决策在多个随机场景下可安全实施。仿真结果表明，所提调度策略可有效提高调度结果的经济性，并且置信水平的变化会对调度结果的经济性产生直接影响，因此在具体实施时需根据历史数据和实际需求选择合适的参数值。

（7）基于区间数学的微电网多时间尺度鲁棒优化。提出了一种基于波动区间的微电网鲁棒调度策略，该策略引入了鲁棒参数和优化因子对不确定参数的波动区间和目标函数进行定量调控。同时，分别建立了两种极端场景下的能量平衡约束，并采用对偶的方法将上述不易求解的区间鲁棒优化问题转化为可求解的确定性调度问题。仿真结果表明，所提调度策略相比多时间尺度随机优化策略具有更好的经济性和鲁棒性，因此在实际应用过程中具有更好的适用性。

（8）对所提策略在微电网长时间运行中的优势进行仿真验证。由于短期运行结果存在较大的偶然性，并且连续运行性能是衡量微电网优化调度系统的重要指标，本章选取微电网一个月连续运行数据，分别对所提两种多时间尺度策略进行仿真验证。仿真结果表明，本书所提策略相比优化前可有效提高微电网在长时间运行中的鲁棒性和经济性。

10.2　展望

本书对微电网协调控制进行了研究，基于分布式一致性算法，采用凸性发电成本函数，建立微电网分布式一致性协调控制策略，实现微电网稳定运行及经济调度；并将提出的分布式控制及优化调度策略分别应用于交流微电网和直流微电网系统的控制中，得到了一些有意义的结论。但在以下方面还有待进一步研究：

（1）无 PLL 系统软同步控制策略是只考虑同步条件，未考虑同步时间要求及初始相位差对同步的影响，当需要考虑同步时间要求及初始相位差对同步的影响时，由于初始相位差是随机的，采用随机控制对初始相位差进行控制是值得进一步研究的内容。

（2）交直流混合多母线微电网是今后研究的一个方向和热点，本书提出的相关方法及控制策略对交直流混合多母线微电网的适应性值得进一步研究。

（3）本书的研究均是在忽略时延条件下进行的，微电网作为分布式发电系统，特别是随着系统规模的扩大，控制网络时延不能忽略，作为研究的深入和延续,研究时延对微电网控制的影响,可以考虑时延条件下的微电网协调控制。

（4）电动汽车、虚拟储能等众多分布式能源引入微电网后会带来更多的不确定性,这将极大地增加系统优化调度的难度。考虑更多包含不确定因素设备的建模、分析复杂耦合关系需要进一步研究。

（5）随着人工智能和大数据等新技术的快速发展,如何将其引入到微电网优化调度中,对提高可再生能源利用效率和微电网运行经济性和鲁棒性具有非常重要的意义。

参 考 文 献

[1] 鲁宗相,闵勇,乔颖.微电网分层运行控制技术及应用[M].北京:电子工业出版社,2017.

[2] 王成山.微电网分析与仿真理论[M].北京:科学出版社,2013.

[3] 李忠文.多逆变器型微电网协调控制及优化调度方法研究[D].沈阳:中国科学院沈阳自动化研究所,2016.

[4] 周邺飞,郝卫国,汪春,等.微电网运行与控制技术[M].北京:中国水利水电出版社,2017.

[5] DÍAZ N L,LUNA A C,VASQUEZ J C,et al.Centralized control architecture for coordination of distributed renewable generation and energy storage in islanded AC microgrids[J].IEEE transactions on power electronics,2017,32(7):5202-5213.

[6] 李霞林,郭力,王成山,等.直流微电网关键技术研究综述[J].中国电机工程学报,2016,36(1):2-17.

[7] 吕振宇,苏晨,吴在军,等.孤岛型微电网分布式二次调节策略及通信拓扑优化[J].电工技术学报,2017,32(6):209-219.

[8] USTUN T S,OZANSOY C,ZAYEGH A.Recent developments in microgrids and example cases around the world:a review[J].Renewable and sustainable energy reviews,2011,15(8):4030-4041.

[9] 张丹,王杰.国内微电网项目建设及发展趋势研究[J].电网技术,2016,40(2):451-458.

[10] 王晨晨,杜秋平.日本仙台微电网示范工程在地震中的运行情况[J].华北电力技术,2013(8):56-60.

[11] 王彦宇,郭权利.微电网示范工程综述[J].沈阳工程学院学报(自然科学版),2019,15(1):82-87.

[12] 朱雄世.国外数据通信设备高压直流供电新系统(上)[J].邮电设计技术,2009(4):67-72.

[13] BIFARETTI S,ZANCHETTA P,WATSON A,et al.Advanced power e-

lectronic conversion and control system for universal and flexible power management[J].IEEE transactions on smart grid,2011,2(2):231-243.

[14] 王皓界.直流微电网动态特性分析与控制[D].北京:华北电力大学(北京),2018.

[15] 宋强,赵彪,刘文华,等.智能直流配电网研究综述[J].中国电机工程学报,2013,33(25):9-19.

[16] 赵彪,宋强,刘文华,等.用于柔性直流配电的高频链直流固态变压器[J].中国电机工程学报,2014,34(25):4295-4303.

[17] CHVEZ H,BALDICK R,MATEVOSYAN J.The joint adequacy of AGC and primary frequency response in single balancing authority systems[J].IEEE transactions on sustainable energy,2015,6(3):959-966.

[18] CHEN J F,CHU C L.Combination voltage-controlled and current-controlled PWM inverters for UPS parallel operation[J].IEEE transactions on power electronics,1995,10(5):547-558.

[19] ANTONIADOU-PLYTARIA K E,KOUVELIOTIS-LYSIKATOS I N, GEORGILAKIS P S,et al.Distributed and decentralized voltage control of smart distribution networks:models,methods,and future research[J]. IEEE transactions on smart grid,2017,8(6):2999-3008.

[20] 闫俊丽,彭春华,陈臣.基于动态虚拟阻抗的低压微电网下垂控制策略[J].电力系统保护与控制,2015,43(21):1-6.

[21] WU T F,CHEN Y K,HUANG Y H.3C strategy for inverters in parallel operation achieving an equal current distribution[J].IEEE transactions on industrial electronics,2000,47(2):273-281.

[22] 陈飞雄.交流微电网分布式协调控制方法研究[D].重庆:重庆大学,2017.

[23] 张博,唐巍,蔡永翔,等.基于一致性算法的户用光伏逆变器和储能分布式控制策略[J].电力系统自动化,2020,44(2):86-94.

[24] DEHGHANI TAFTI H,MASWOOD A I,KONSTANTINOU G,et al. Active/reactive power control of photovoltaic grid-tied inverters with peak current limitation and zero active power oscillation during unbalanced voltage sags[J]. IET power electronics,2018,11(6):1066-1073.

[25] ROCABERT J,LUNA A,BLAABJERG F,et al.Control of power converters in AC microgrids[J].IEEE transactions on power electronics,2012,27(11):4734-4749.

[26] SAVAGHEBI M, JALILIAN A, VASQUEZ J C, et al. Autonomous voltage unbalance compensation in an islanded droop-controlled microgrid [J]. IEEE transactions on industrial electronics,2013,60(4):1390-1402.

[27] KHORRAMABADI S S, BAKHSHAI A. Intelligent control of grid-connected microgrids: an adaptive critic-based approach[J]. IEEE journal of emerging and selected topics in power electronics,2015,3(2):493-504.

[28] JUNG J W, LEU V Q, DANG D Q, et al. Intelligent voltage control strategy for three-phase UPS inverters with output LC filter[J]. International journal of electronics,2015,102(8):1267-1288.

[29] JUNG J W, LEU V Q, DANG D Q, et al. Intelligent voltage control strategy for three-phase UPS inverters with output LC filter[J]. International journal of electronics,2015,102(8):1267-1288.

[30] YARAMASU V, RIVERA M, NARIMANI M, et al. Model predictive approach for a simple and effective load voltage control of four-leg inverter with an output LC filter[J]. IEEE transactions on industrial electronics, 2014,61(10):5259-5270.

[31] LI S H, FAIRBANK M, JOHNSON C, et al. Artificial neural networks for control of a grid-connected rectifier/inverter under disturbance, dynamic and power converter switching conditions[J]. IEEE transactions on neural networks and learning systems,2014,25(4):738-750.

[32] 周贤正,荣飞,吕志鹏,等.低压微电网采用坐标旋转的虚拟功率 V/f 下垂控制策略[J].电力系统自动化,2012,36(2):47-51.

[33] 江海啸,郑毅,李少远,等.微网优化控制研究现状及智能化即插即用趋势与策略[J].上海交通大学学报,2017,51(9): 1097 -1103

[34] 陈杰,闫震宇,赵冰,等.下垂控制三相逆变器阻抗建模与并网特性分析[J].中国电机工程学报,2019,39(16):4846-4856.

[35] TRIVEDI A, SINGH M. L_1 adaptive droop control for AC microgrid with small mesh network[J]. IEEE transactions on industrial electronics, 2018,65(6):4781-4789.

[36] 曹文远,韩民晓,谢文强,等.交直流配电网逆变器并联控制技术研究现状分析[J].电工技术学报,2019,34(20):4226-4241.

[37] GUERRERO J M, VASQUEZ J C, MATAS J, et al. Hierarchical control of droop-controlled AC and DC microgrids: a general approach toward standardization[J]. IEEE transactions on industrial electronics, 2011, 58

(1):158-172.

[38] ENGLER A.Applicability of droops in low voltage grids[J].International journal of distributed energy resources and smart grids,2005(1):1-5.

[39] 吕志鹏,罗安.不同容量微源逆变器并联功率鲁棒控制[J].中国电机工程学报,2012,32(12):35-42.

[40] 刘东奇,韩民晓,谢文强,等.基于虚拟电阻的微电网孤岛运行控制策略[J].电力电子技术,2018,52(9):10-13.

[41] 周贤正,荣飞,吕志鹏,等.低压微电网采用坐标旋转的虚拟功率 V/f 下垂控制策略[J].电力系统自动化,2012,36(2):47-51.

[42] 梁海峰,郑灿,高亚静,等.微网改进下垂控制策略研究[J].中国电机工程学报,2017,37(17):4901-4910.

[43] 姚骏,杜红彪,周特,等.微网逆变器并联运行的改进下垂控制策略[J].电网技术,2015,39(4):932-938.

[44] 孙孝峰,杨雅麟,赵巍,等.微电网逆变器自适应下垂控制策略[J].电网技术,2014,38(9):2386-2391.

[45] 陈杰,刘名凹,陈新,等.基于下垂控制的逆变器无线并联与环流抑制技术[J].电工技术学报,2018,33(7):1450-1460.

[46] 朱小帆,卫锋,李学佳,等.直流微电网中基于谐振控制的双馈风机谐波消除方法[J].电网技术,2020,44(1):96-104.

[47] 闫俊丽,彭春华,陈臣.基于动态虚拟阻抗的低压微电网下垂控制策略[J].电力系统保护与控制,2015,43(21):1-6.

[48] 王海燕.独立运行模式下微电网的能量管理与协调控制策略研究[D].西安:西安理工大学,2017.

[49] 樊小朝,王维庆,谢永流,等.低压微网中永磁风力发电系统逆变器并网/孤岛模式控制切换[J].中国电机工程学报,2016,36(10):2770-2783.

[50] 朱作滨,黄绍平,李振兴.微网储能变流器平滑切换控制方法的研究[J].电力系统及其自动化学报,2019,31(12):137-143.

[51] 张闯,赵志刚.基于 V/f 控制模式的独立微电网变流器研究[J].沈阳工程学院学报(自然科学版),2017,13(4):347-352.

[52] 汤旻安,高晓红.不平衡电网电压条件下光储微电网并网控制[J].高电压技术,2019,45(6):1879-1888.

[53] 徐丙垠,徐化博,赵艳雷,等.孤岛运行微电网的同步定频电流控制原理与验证[J].电力系统自动化,2019,43(15):132-138.

[54] 麦倩屏,陈鸣.基于自抗扰控制技术的光储微电网无功支撑策略[J].电网技

术,2019,43(6):2132-2138.

[55] 杨赟,梅飞,张宸宇,等.虚拟同步发电机转动惯量和阻尼系数协同自适应控制策略[J].电力自动化设备,2019,39(3):125-131.

[56] LI D D,ZHU Q W,LIN S F,et al.A self-adaptive inertia and damping combination control of VSG to support frequency stability[J].IEEE transactions on energy conversion,2017,32(1):397-398.

[57] 陈来军,王任,郑天文,等.基于参数自适应调节的虚拟同步发电机暂态响应优化控制[J].中国电机工程学报.2016,36(21):5724-5731.

[58] 周晖,王跃,李明烜,等.孤岛并联虚拟同步发电机暂态功率分配机理分析与优化控制[J].电工技术学报,2019,34(S2):654-663.

[59] 张赟宁,周小萌.并网逆变器分数阶虚拟惯性的虚拟同步发电机控制技术[J].控制与决策,2021,36(2):463-468.

[60] ALIPOOR J,MIURA Y,ISE T.Power system stabilization using virtual synchronous generator with alternating moment of inertia[J].IEEE journal of emerging and selected topics in power electronics,2015,3(2):451-458.

[61] 付强,杜文娟,王海风.虚拟同步发电机控制下多端交直流混联电力系统间的强动态交互过程及其传播[J].中国电机工程学报,2018,38(24):7226-7234.

[62] 马燕峰,俞人楠,刘会强,等.基于 Hamilton 系统方法的 VSG 控制研究[J].电网技术,2017,41(8):2543-2553.

[63] 王扬,张靖,何宇,等.虚拟同步发电机暂态稳定协同控制[J].电力自动化设备,2018,38(12):181-185.

[64] 支娜,张辉,肖曦.提高直流微电网动态特性的改进下垂控制策略研究[J].电工技术学报,2016,31(3):31-39.

[65] WANG H J,HAN M X,HAN R K,et al.A decentralized current-sharing controller endows fast transient response to parallel DC-DC converters[J].IEEE transactions on power electronics,2018,33(5):4362-4372.

[66] CHENG Z P,GONG M,GAO J F,et al.Research on virtual inductive control strategy for direct current microgrid with constant power loads[J].Applied sciences,2019,9(20):4449.

[67] 王皓界.直流微电网动态特性分析与控制[D].北京:华北电力大学(北京),2018.

[68] 王盼宝.低压直流微电网运行控制与优化配置研究[D].哈尔滨:哈尔滨工

业大学,2016.

[69] WANG H J,HAN M X,YAN W L,et al.A feed-forward control realizing fast response for three-branch interleaved DC-DC converter in DC microgrid[J].Energies,2016,9(7):529.

[70] 王皓界,韩民晓,孔启祥.交直流混合微电网储能 DC/DC 及接口换流器协调控制[J].电力建设,2016,37(5):50-56.

[71] 马鹏飞.基于平均电流法的单相 Boost 功率因数校正系统研究[D].武汉:华中科技大学,2018.

[72] SAMANTA S,MISHRA J P,ROY B K.Virtual DC machine:an inertia emulation and control technique for a bidirectional DC-DC converter in a DC microgrid[J].IET electric power applications,2018,12(6):874-884.

[73] OLIVARES D E,MEHRIZI-SANI A,ETEMADI A H,et al.Trends in microgrid control [J].IEEE transactions on smart grid,2014,5(4):1905-1919.

[74] 张宇精,乔颖,鲁宗相,等.含高比例分布式电源接入的低感知度配电网电压控制方法[J].电网技术,2019,43(5):1528-1535.

[75] PALIZBAN O,KAUHANIEMI K.Hierarchical control structure in microgrids with distributed generation:island and grid-connected mode[J].Renewable and sustainable energy reviews,2015,44:797-813.

[76] 陆晓楠,孙凯,黄立培,等.孤岛运行交流微电网中分布式储能系统改进下垂控制方法[J].电力系统自动化,2013,37(1):180-185.

[77] NUTKANI I U,LOH P C,BLAABJERG F.Droop scheme with consideration of operating costs[J].IEEE transactions on power electronics,2014,29(3):1047-1052.

[78] NUTKANI I U,LOH P C,WANG P,et al.Cost-prioritized droop schemes for autonomous AC microgrids [J].IEEE transactions on power electronics,2015,30(2):1109-1119.

[79] XIN H H,ZHAO R,ZHANG L Q,et al.A decentralized hierarchical control structure and self-optimizing control strategy for F-P type DGs in islanded microgrids[J].IEEE transactions on smart grid,2016,7(1):3-5.

[80] HAN Y,ZHANG K,LI H,et al.MAS-based distributed coordinated control and optimization in microgrid and microgrid clusters:a comprehensive overview[J].IEEE transactions on power electronics,2018,33(8):6488-6508.

［81］吕振宇.基于 MAS 的孤立微电网分布式协同功率优化控制研究［D］.南京：东南大学,2016.

［82］FU X G,LI S H.Control of single-phase grid-connected converters with LCL filters using recurrent neural network and conventional control methods［J］.IEEE transactions on power electronics,2016,31（7）：5354-5364.

［83］MENG L X,DRAGICEVIC T,ROLDÁN-PÉREZ J,et al.Modeling and sensitivity study of consensus algorithm-based distributed hierarchical control for DC microgrids［J］.IEEE transactions on smart grid,2016,7（3）：1504-1515.

［84］GUAN Y J,MENG L X,LI C D,et al.A dynamic consensus algorithm to adjust virtual impedance loops for discharge rate balancing of AC micro-grid energy storage units［J］.IEEE transactions on smart grid,2018,9（5）：4847-4860.

［85］谢文强,韩民晓,王皓界,等.基于虚拟电压的直流微电网多源协调控制策略［J］.中国电机工程学报,2018,38（5）：1408-1418.

［86］李晓晓.直流微电网分布式一致性控制及其小信号稳定性研究［D］.兰州：兰州理工大学,2018.

［87］MORSTYN T,SAVKIN A V,HREDZAK B,et al.Multi-agent sliding mode control for state of charge balancing between battery energy storage systems distributed in a DC microgrid［J］.IEEE transactions on smart grid,2018,9（5）：4735-4743.

［88］LI Z W,ZANG C Z,ZENG P,et al.Control of a grid-forming inverter based on sliding-mode and mixed H_2/ H_∞ control［J］.IEEE transactions on industrial electronics,2017,64（5）：3862-3872.

［89］李一琳,董萍,刘明波,等.基于有限时间一致性的直流微电网分布式协调控制［J］.电力系统自动化,2018,42（16）：96-103.

［90］SCHIFFER J,SEEL T,RAISCH J,et al.Voltage stability and reactive power sharing in inverter-based microgrids with consensus-based distrib-uted voltage control［J］.IEEE transactions on control systems technology,2016,24（1）：96-109.

［91］高扬,艾芊,郝然,等.交直流混合电网的多智能体自律分散控制［J］.电网技术,2017,41（4）：1158-1166.

［92］DE PERSIS C,WEITENBERG E R A,DÖRFLER F.A power consensus algorithm for DC microgrids[J].Automatica,2018,89:364-375.

[93] 周建宇,闫林芳,刘巨,等.基于一致性理论的直流微电网混合储能协同控制策略[J].中国电机工程学报,2018,38(23):6837-6846.

[94] LIU W,GU W,SHENG W X,et al.Pinning-based distributed cooperative control for autonomous microgrids under uncertain communication topologies[J].IEEE transactions on power systems,2016,31(2):1320-1329.

[95] 杨丘帆,黄煜彬,石梦璇,等.基于一致性算法的直流微电网多组光储单元分布式控制方法[J].中国电机工程学报,2020,40(12):3919-3928.

[96] HUG G,KAR S,WU C Y.Consensus innovations approach for distributed multiagent coordination in a microgrid[J].IEEE transactions on smart grid,2015,6(4):1893-1903.

[97] BURGOS-MELLADO C,LLANOS J J,CÁRDENAS R,et al.Distributed control strategy based on a consensus algorithm and on the conservative power theory for imbalance and harmonic sharing in 4-wire microgrids [J].IEEE transactions on smart grid,2020,11(2):1604-1619.

[98] LI C J,YU X H,HUANG T W,et al.Distributed optimal consensus over resource allocation network and its application to dynamical economic dispatch[J].IEEE transactions on neural networks and learning systems,2018,29(6):2407-2418.

[99] CHEN G,REN J H,FENG E N.Distributed finite-time economic dispatch of a network of energy resources[J].IEEE transactions on smart grid,2017,8(2):822-832.

[100] ZHANG Z A,CHOW M Y.Convergence analysis of the incremental cost consensus algorithm under different communication network topologies in a smart grid[J].IEEE transactions on power systems,2012,27(4):1761-1768.

[101] WANG R,LI Q Q,ZHANG B Y,et al.Distributed consensus based algorithm for economic dispatch in a microgrid[J].IEEE transactions on smart grid,2019,10(4):3630-3640.

[102] 蒋伟明,赵晋斌,高明明,等.具有电压自恢复特性的独立直流微电网控制策略研究[J].电网技术,2020,44(9):3547-3555.

[103] 卢自宝,钟尚鹏,郭戈.基于分布式策略的直流微电网下垂控制器设计[J].自动化学报,2021,47(10):2472-2483.

[104] 杨丘帆,黄煜彬,石梦璇,等.基于一致性算法的直流微电网多组光储单元

分布式控制方法[J].中国电机工程学报,2020,40(12):3919-3928.

[105] 刘建刚,杨胜杰.具有容性负载的直流微电网系统分布式协同控制[J].自动化学报,2020,46(6):1283-1290.

[106] 吕振宇,吴在军,窦晓波,等.自治直流微电网分布式经济下垂控制策略[J].中国电机工程学报,2016,36(4):900-910.

[107] 李祥山,杨晓东,张有兵,等.含母线电压补偿和负荷功率动态分配的直流微电网协调控制[J].电力自动化设备,2020,40(1):198-204.

[108] 魏春,徐鉴其,陆海强,等.一种基于离散时间交互的改进直流微电网控制策略[J].电力系统自动化,2020,44(3):49-55.

[109] 朱晓荣,韩丹慧,孟凡奇,等.提高直流微电网稳定性的并网换流器串联虚拟阻抗方法[J].电网技术,2019,43(12):4523-4531.

[110] 米阳,蔡杭谊,袁明瀚,等.直流微电网分布式储能系统电流负荷动态分配方法[J].电力自动化设备,2019,39(10):17-23.

[111] 张辉,闫海明,支娜,等.基于母线电压微分前馈的直流微电网并网变换器控制策略[J].电力系统自动化,2019,43(15):166-171.

[112] 刘金琨.滑模变结构控制MATLAB仿真:基本理论与设计方法[M].3版.北京:清华大学出版社,2015.

[113] 王树禾.图论[M].2版.北京:科学出版社,2009.

[114] Fred B,Marty L.图论简明教程[M].李慧霸,王凤芹,译.北京:清华大学出版社,2005.

[115] 纪良浩,王慧维,李华青.分布式多智能体网络一致性协调控制理论[M].北京:科学出版社,2015.

[116] GAO Y,AI Q.Distributed cooperative optimal control architecture for AC microgrid with renewable generation and storage[J].International journal of electrical power & energy systems,2018,96:324-334.

[117] COOK M D,PARKER G G,ROBINETT R D,et al.Decentralized mode-adaptive guidance and control for DC microgrid[J].IEEE transactions on power delivery,2017,32(1):263-271.

[118] 袁亚湘.非线性优化计算方法[M].北京:科学出版社,2008.

[119] Dimitri P.Bertsekas.凸优化理论[M].赵千川,王梦迪,译.北京:清华大学出版社,2015.

[120] LIU J,MIURA Y,BEVRANI H,et al.Enhanced virtual synchronous generator control for parallel inverters in microgrids[J].IEEE transactions on smart grid,2017,8(5):2268-2277.

[121] MENG X,LIU J J,LIU Z. A generalized droop control for grid-supporting inverter based on comparison between traditional droop control and virtual synchronous generator control[J].IEEE transactions on power electronics,2019,34(6):5416-5438.

[122] CURKOVIC M,JEZERNIK K,HORVAT R.FPGA-based predictive sliding mode controller of a three-phase inverter[J].IEEE transactions on industrial electronics,2013,60(2):637-644.

[123] ALIPOOR J,MIURA Y,ISE T.Power system stabilization using virtual synchronous generator with alternating moment of inertia[J].IEEE journal of emerging and selected topics in power electronics,2015,3(2): 451-458.

[124] SEBAALY F,VAHEDI H,KANAAN H Y,et al.Sliding mode fixed frequency current controller design for grid-connected NPC inverter[J]. IEEE journal of emerging and selected topics in power electronics,2016, 4(4):1397-1405.

[125] LIU J,MIURA Y,ISE T.Comparison of dynamic characteristics between virtual synchronous generator and droop control in inverter-based distributed generators[J].IEEE transactions on power electronics,2016,31 (5):3600-3611.

[126] 齐琛,汪可友,吴盼,等.虚拟同步机功角稳定的参数空间分析[J].中国电机工程学报,2019,39(15):4363-4373.

[127] LI Z W,CHENG Z P,LI S H,et al.Virtual synchronous generator and SMC based cascaded control for voltage-source grid-supporting inverters [J].Journal of emerging and selected topics in power electronics.2022,10 (3): 2722-2736.

[128] WANG A M,JIA X W,DONG S H.A new exponential reaching law of sliding mode control to improve performance of permanent magnet synchronous motor[J]. IEEE transactions on magnetics,2013,49(5): 2409-2412.

[129] SUN Z,ZHENG J C,MAN Z H,et al.Robust control of a vehicle steer-by-wire system using adaptive sliding mode[J].IEEE transactions on industrial electronics,2016,63(4):2251-2262.

[130] LIU J,MIURA Y,ISE T.Comparison of dynamic characteristics between virtual synchronous generator and droop control in inverter-based dis-

tributed generators[J].IEEE transactions on power electronics,2016,31(5):3600-3611.

[131] 李祥山,杨晓东,张有兵,等.含母线电压补偿和负荷功率动态分配的直流微电网协调控制[J].电力自动化设备,2020,40(1):198-204.

[132] GUO F H,WEN C Y,MAO J F,et al.Distributed cooperative secondary control for voltage unbalance compensation in an islanded microgrid[J]. IEEE transactions on industrial informatics,2015,11(5):1078-1088.

[133] ZHAO Z L,YANG P,GUERRERO J M,et al.Multiple-time-scales hierarchical frequency stability control strategy of medium-voltage isolated microgrid[J]. IEEE transactions on power electronics, 2016, 31 (8): 5974-5991.

[134] SUN J,PALADE V,WU X J,et al.Solving the power economic dispatch problem with generator constraints by random drift particle swarm optimization[J].IEEE transactions on industrial informatics,2014,10(1): 222-232.

[135] ZHANG W,XU Y L,LIU W X,et al.Distributed online optimal energy management for smart grids[J].IEEE transactions on industrial informatics,2015,11(3):717-727.

[136] GUO F H,WEN C Y,MAO J F,et al.Distributed secondary voltage and frequency restoration control of droop-controlled inverter-based microgrids[J]. IEEE transactions on industrial electronics, 2015, 62 (7): 4355-4364.

[137] XU Y L,ZHANG W,LIU W X.Distributed dynamic programming-based approach for economic dispatch in smart grids[J].IEEE transactions on industrial informatics,2015,11(1):166-175.

[138] 董密,李力,粟梅,等.微电网经济运行的分布式二次电压－频率恢复控制[J].控制理论与应用,2019,36(3):461-472.

[139] MENG X,LIU J J,LIU Z.A generalized droop control for grid-supporting inverter based on comparison between traditional droop control and virtual synchronous generator control[J].IEEE transactions on power electronics,2019,34(6):5416-5438.

[140] HU J,DUAN J,MA H,et al.Distributed adaptive droop control for optimal power dispatch in DC microgrid[J].IEEE transactions on industrial electronics,2018,65(1):778-789.

[141] CHEN G,LEWIS F L,FENG E N,et al.Distributed optimal active power control of multiple generation systems[J].IEEE transactions on industrial electronics,2015,62(11):7079-7090.

[142] 张贤达.矩阵分析与应用[M].2版.北京:清华大学出版社,2013.

[143] YOU X,HUA C C,GUAN X P.Event-triggered leader-following consensus for nonlinear multiagent systems subject to actuator saturation using dynamic output feedback method[J].IEEE transactions on automatic control,2018,63(12):4391-4396.

[144] 刘海涛,熊雄,季宇,等.直流配电下多微网系统集群控制研究[J].中国电机工程学报,2019,39(24):7159-7167.

[145] LEE H S,YUN J J.High-efficiency bidirectional buck-boost converter for photovoltaic and energy storage systems in a smart grid[J].IEEE transactions on power electronics,2019,34(5):4316-4328.

[146] GUERRERO J M,VASQUEZ J C,MATAS J,et al.Hierarchical control of droop-controlled AC and DC microgrids:a general approach toward standardization[J].IEEE transactions on industrial electronics,2011,58(1):158-172.

[147] WENG X,XIAO X,HE W B,et al.Comprehensive comparison and analysis of non-inverting buck boost and conventional buck boost converters[J].The journal of engineering,2019,2019(16):3030-3034.

[148] YU J R,LIU M Y,SONG D R,et al.A soft-switching control for cascaded buck-boost converters without zero-crossing detection[J].IEEE access,2019,7:32522-32536.

[149] YOU J,FAN W Y,YU L J,et al.Disturbance rejection control method of double-switch buck-boost converter using combined control strategy[J].Energies,2019,12(2):278.

[150] LI Y,LI F,ZHAO F W,et al.Variable-frequency control strategy of isolated buck – boost converter[J].IEEE journal of emerging and selected topics in power electronics,2019,7(3):1824-1836.

[151] SAINI D K,KAZIMIERCZUK M K.Open-loop transfer functions of buck-boost converter by circuit-averaging technique[J].IET power electronics,2019,12(11):2858-2864.

[152] HERNÁNDEZ-MÁRQUEZ E,AVILA-REA C,GARCÍA-SÁNCHEZ J,et al.Robust tracking controller for a DC/DC buck-boost converter – in-

verter – DC motor system[J].Energies,2018,11(10):2500.

[153] HE W,SORIANO-RANGEL C A,ORTEGA R,et al.Energy shaping control for buck-boost converters with unknown constant power load [J].Control engineering practice,2018,74:33-43.

[154] SIOUANE S,JOVANOVI'S,POURE P.Service continuity of PV synchronous buck/buck-boost converter with energy storage[J].Energies, 2018,11(6):1369.

[155] SHTESSEL Y B,ZINOBER A S I,SHKOLNIKOV I A.Sliding mode control of boost and buck-boost power converters using method of stable system centre[J].Automatica,2003,39(6):1061-1067.

[156] KAVITHA M K,KAVITHA A.Nonlinear analysis of hysteretic modulation-based sliding mode controlled quadratic buck – boost converter [J].Journal of circuits,systems and computers,2019,28(2):1950025.

[157] DARWISH A,MASSOUD A M,HOLLIDAY D,et al.Single-stage three-phase differential-mode buck-boost inverters with continuous input current for PV applications[J].IEEE transactions on power electronics, 2016,31(12):8218-8236.

[158] 洪灏灏,顾伟,黄强,等.微电网中多虚拟同步机并联运行有功振荡阻尼控制[J].中国电机工程学报,2019,39(21):6247-6255.

[159] ZHANG R F,HREDZAK B.Nonlinear sliding mode and distributed control of battery energy storage and photovoltaic systems in AC microgrids with communication delays[J].IEEE transactions on industrial informatics,2019,15(9):5149-5160.

[160] PILLONI A,PISANO A,USAI E.Robust finite-time frequency and voltage restoration of inverter-based microgrids via sliding-mode cooperative control[J].IEEE transactions on industrial electronics,2018,65(1): 907-917.

[161] 康忠健,陈醒,崔朝丽,等.基于 ESO 与终端滑模控制的直流配电网母线电压控制[J].中国电机工程学报,2018,38(11):3235-3243.

[162] CHEN S Y,LIN F J.Robust nonsingular terminal sliding-mode control for nonlinear magnetic bearing system[J].IEEE transactions on control systems technology,2011,19(3):636-643.

[163] CHEN G,LI C J,DONG Z Y.Parallel and distributed computation for dynamical economic dispatch[J].IEEE transactions on smart grid,2017,

8(2):1026-1027.

[164] VU T V,PERKINS D,DIAZ F,et al.Robust adaptive droop control for DC microgrids[J].Electric power systems research,2017,146:95-106.

[165] HU J,DUAN J,MA H,et al.Distributed adaptive droop control for optimal power dispatch in DC microgrid[J].IEEE transactions on industrial electronics,2018,65(1):778-789.

[166] LI Q,GAO D W,ZHANG H G,et al.Consensus-based distributed economic dispatch control method in power systems[J].IEEE transactions on smart grid,2019,10(1):941-954.

[167] HU J Q,CHEN M Z Q,CAO J D,et al.Coordinated active power dispatch for a microgrid via distributed lambda iteration[J].IEEE journal on emerging and selected topics in circuits and systems,2017,7(2):250-261.

[168] ZHANG Y,RAHBARI-ASR N,CHOW M Y.A robust distributed system incremental cost estimation algorithm for smart grid economic dispatch with communications information losses[J].Journal of network and computer applications,2016,59:315-324.

[169] KHORSANDI A,ASHOURLOO M,MOKHTARI H.A decentralized control method for a low-voltage DC microgrid[J].IEEE transactions on energy conversion,2014,29(4):793-801.

[170] SAVAGHEBI M,JALILIAN A,VASQUEZ J C,et al.Autonomous voltage unbalance compensation in an islanded droop-controlled microgrid [J].IEEE transactions on industrial electronics,2013,60(4):1390-1402.

[171] JAYAWARNA N,BARNES M.Study of a microgrid with vehicle-to-grid sources during network contingencies[J].Intelligent automation & soft computing,2010,16(2):289-302.

[172] GUO F H,WEN C Y,MAO J F,et al.Hierarchical decentralized optimization architecture for economic dispatch:a new approach for large-scale power system[J].IEEE transactions on industrial informatics,2018,14(2):523-534.

[173] XU Y L.Robust finite-time control for autonomous operation of an inverter-based microgrid[J].IEEE transactions on industrial informatics,2017,13(5):2717-2725.

[174] LU K D,ZHOU W N,ZENG G Q,et al.Constrained population extremal

optimization-based robust load frequency control of multi-area intercon-nected power system[J].International journal of electrical power & en-ergy systems,2019,105:249-271.

[175] LU K D,ZHOU W N,ZENG G Q,et al.Design of PID controller based on a self-adaptive state-space predictive functional control using extremal optimization method[J].Journal of the franklin institute,2018, 355(5):2197-2220.

[176] ZENG G Q,CHEN J,DAI Y X,et al.Design of fractional order PID con-troller for automatic regulator voltage system based on multi-objective extremal optimization[J].Neurocomputing,2015,160:173-184.

[177] 叶宇剑,王卉宇,汤奕,等.基于深度强化学习的居民实时自治最优优化调度策略[J].电力系统自动化,2022,46(01):110-119.

[178] 郭晓钢.计及不确定性的微网模型预测控制能量优化调度研究[D].杭州:浙江大学,2020.

[179] 彭春华,郑聪,陈婧,等.基于置信间隙决策的综合能源系统鲁棒优化调度[J].中国电机工程学报,2021,41(16):5593-5604.

[180] 师景佳,袁铁江,Khan Saeed Ahmed,等.计及电动汽车可调度能力的风/车协同参与机组组合策略[J].高电压技术,2018,44(10):3433-3440.

[181] 张自东.基于深度强化学习的智能微电网优化控制策略研究[D].[硕士学位论文].上海:上海交通大学,2020.

[182] Shahryari E,Shayeghi H,Mohammadi-ivatloo B,et al. A copula-based method to consider uncertainties for multi-objective energy management of microgrid in presence of demand response[J]. Energy, 2019, 175:879-890.

[183] Gu W,Lu S,Wu Z,et al.Residential CCHP microgrid with load aggrega-tor:Operation mode,pricing strategy,and optimal dispatch[J].Applied Energy,2017,205:173-186.

[184] Guo J,Tan J,Li Y,et al. Decentralized incentive-based multi-energy trading mechanism for CCHP-based MG cluster[J].International Journal of Electrical Power & Energy Systems,2021,133:107138.

[185] Zhang C,Xu Y,Dong Z Y.Robustly coordinated operation of a multi-en-ergy micro-grid in grid-connected and islanded modes under uncertainties[J]. IEEE Transactions on Sustainable Energy, 2020, 11 (02):640-651.

[186] Yang X, Leng Z, Xu S, et al. Multi-objective optimal scheduling for CCHP microgrids considering peak-load reduction by augmented-constraint method[J]. Renewable Energy, 2021, 172:408-423.

[187] Das A, Ni Z. A novel fitted rolling horizon control approach for real-time policy making in microgrid[J]. IEEE Transactions on Smart Grid, 2020, 11(04):3535-3544.

[188] Chen C, Duan S. Microgrid economic operation considering plug-in hybrid electric vehicles integration[J]. Journal of Modern Power Systems and Clean Energy, 2015, 3(02):221-231.

[189] 张夏霖, 杨健维, 黄宇. 含电动汽车与可控负荷的光伏智能小区两阶段优化调度[J]. 电网技术, 2016, 40(09):2630-2637.

[190] Hou H, Xue M, Xu Y, et al. Multi-objective economic dispatch of a microgrid considering electric vehicle and transferable load[J]. Applied Energy, 2020, 26:114489.

[191] 潘狄. 考虑源荷不确定性的直流配电网多时间尺度优化调度研究[D]. 吉林:东北电力大学, 2021

[192] 刘泽槐. 不确定环境下多形态微电网运行决策与规划方法研究[D]. 广州:华南理工大学, 2020.

[193] Xiang Y, Liu J, Liu Y. Robust energy management of microgrid with uncertain renewable generation and load[J]. IEEE Transactions on Smart Grid, 2015, 7(02):1034-1043.

[194] Palma-Behnke R, Benavides C, Lanas F, et al. A microgrid energy management system based on the rolling horizon strategy[J]. IEEE Transactions on Smart Grid, 2013, 4(02):996-1006.

[195] Liang L, Abdulkareem S S, Rezvani A, et al. Optimal scheduling of a renewable based microgrid considering photovoltaic system and battery energy storage under uncertainty[J]. The Journal of Energy Storage, 2020, 28(25):101306.

[196] Zhang Y, Meng F, Wang R, et al. Uncertainty-resistant stochastic MPC approach for optimal operation of CHP microgrid[J]. Energy, 2019, 179:1265-1278.

[197] 黄弦超, 封钰, 丁肇豪. 多微网多时间尺度交易机制设计和交易策略优化[J]. 电力系统自动化, 2020, 44(24):12.

[198] 孔令国, 于家敏, 蔡国伟, 等. 基于模型预测控制的离网电氢耦合系统功率

调控[J].中国电机工程学报,2021,41(09):10.

[199] Zhang C,Xu Y,Dong Z Y,et al.Multi-timescale coordinated adaptive robust operation for industrial multi-energy micro-grids with load allocation[J]. IEEE Transactions on Industrial Informatics,2019,16(05):3051-3063.

[200] Vagropoulos S I,Kardakos E G,Simoglou C K,et al. ANN-based scenario generation methodology for stochastic variables of electric power systems[J].Electric Power Systems Research,2016,134:9-18.

[201] Li Z,Zang C,Zeng P,et al.Combined two-stage stochastic programming and receding horizon control strategy for microgrid energy management considering uncertainty[J].Energies,2016,9(07):1-16.

[202] 王磊,周建平,朱刘柱,等.基于分布式模型预测控制的综合能源系统多时间尺度优化调度[J].电力系统自动化,2021,45(13):57-65.

[203] 王丹,李思源,贾宏杰,等.含可再生能源的区域综合能源系统区间化安全域研究(一):概念、建模与降维观测[J].中国电机工程学报,2021:1-23.

[204] 朱嘉远,刘洋,许立雄,等.考虑风电消纳的热电联供型微网日前鲁棒经济调度[J].电力系统自动化,2019,43(04):40-48.

[205] Luo Z,Wei G U,Zhi W U,et al.A robust optimization method for energy management of CCHP microgrid[J].Journal of Modern Power Systems and Clean Energy,2018,6(01):132-144.

[206] Akbari K,Nasiri M M,Jolai F,et al.Optimal investment and unit sizing of distributed energy systems under uncertainty: A robust optimization approach[J].Energy & Buildings,2014,85:275-286.